PR®

TopoGuides®

Les pays de France

Le Pays de la Haute Vallée de l'Aude... à pied®

W0298084

30 PROMENADES & RANDONNÉES

PR®

AVEC L'APPUI TECHNIQUE DU COMITÉ DÉPARTEMENTAL DE LA RANDONNÉE PÉDESTRE DE L'AUDE ET DE SES BÉNÉVOLES

Un **bref aperçu** de deux itinéraires à parcourir en quelques jours

Bien préparer sa randonnée

Les itinéraires de Promenade et Randonnée (PR) sont en général des boucles : on part et on arrive au même endroit.

QUATRE NIVEAUX DE DIFFICULTÉ À CONNAÎTRE

Les randonnées sont classées par niveaux de difficulté. Elles sont différenciées par des couleurs dans la fiche de chaque circuit.

TRÈS FACILE > Moins de 2 heures de marche

Idéal à faire en famille. Sur des chemins bien tracés.

FACILE > Moins de 3 heures de marche

Peut être faite en famille. Sur des chemins avec quelques passages moins faciles.

MOYEN > Moins de 4 heures de marche

Pour les randonneurs habitués à la marche. Avec quelquefois des endroits assez sportifs et/ou des dénivelées.

DIFFICILE > Plus de 4 heures de marche

Pour des randonneurs expérimentés et sportifs. L'itinéraire est long et/ou difficile (dénivelées, passages délicats).

Durée de la randonnée

La durée est calculée sur la base de 3 km/h pour les balades vertes et bleues, et de 4 km/h pour les randonnées rouges et noires. La durée indiquée tient compte de la longueur et des dénivelées.

QUAND RANDONNER ?

Avant de partir, toujours s'informer sur le temps prévu :
Météo France : tél. **32 50** (0,34 euro/minute) ou www.meteo.fr

En période estivale

Les journées longues permettent les grandes randonnées, mais attention au coup de chaleur. Il faut s'astreindre à boire beaucoup : environ 5 à 6 gorgées toutes les 20 minutes, soit au minimum 1,5 L d'eau par personne pour une demi-journée de marche.

En automne-hiver

Pendant la saison de chasse, de fin septembre à fin février, ne vous écartez pas des chemins balisés, qui sont des chemins ruraux ouverts au public (de chaque côté du chemin, le terrain est propriété privée). En hiver, veillez à ne pas déranger la faune sauvage, observez les traces sans vouloir les suivre.

COMMENT SE RENDRE SUR PLACE ?

En voiture

Tous les points de départ sont en général accessibles par la route. Un parking est situé à proximité du départ de chaque randonnée. Ne laissez pas d'objet apparent dans votre véhicule.

Veillez à ce que votre véhicule ne gêne pas le passage des engins forestiers ou agricoles, même le dimanche, ni celui des riverains. Il est interdit de stationner derrière les barrières de routes forestières.

Par les transports en commun

L'accès par les transports en commun est signalé à la rubrique Situation de chaque itinéraire. Attention, certains services sont réduits ou inexistants les week-ends, jours fériés et période de congés scolaires.

SNCF > tél. 36 35 (0,34 euro/minute) ou www.voyages-sncf.com

Cars et bus > contactez l'office du tourisme ou le syndicat d'initiative (voir coordonnées plus loin)

4 indispensables à ne pas oublier !

1 > Bien s'hydrater

La gourde est l'accessoire indispensable, été comme hiver.

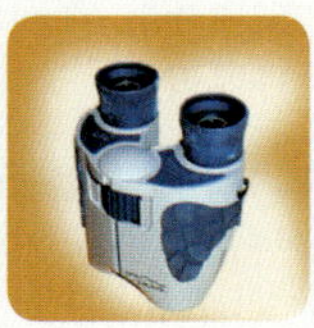

3 > Mieux observer

En montagne ou dans un parc, **une paire de jumelles**.

2 > Toujours dans la poche !

Un couteau multifonctions.

4 > Mieux se repérer

Une lampe torche en cas de tunnel, grotte.

Autres > un pique-nique ou, pour les courtes marches, quelques provisions qui aideront à terminer un itinéraire, surtout avec des enfants.

Quelques adresses pour vous aider

OFFICES DE TOURISME OU SYNDICATS D'INITIATIVE

- Belcaire : Office de tourisme intercommunal du Pays de Sault, 33 (0)4 68 20 75 89, o.t.p.s@wanadoo.fr.
- Chalabre : Office de tourisme intercommunal du Quercorb, 33 (0)4 68 69 65 96, tourisme.quercorb@free.fr, www.tourismechalabrais.com.
- Couiza : Office de tourisme du Pays de Couiza, 33 (0)4 68 69 69 85, accueil.oti@paysdecouiza.fr, www.paysdecouiza.com.
- Quillan : Office de tourisme intercommunal Aude en Pyrénées, 33 (0) 68 20 07 78, tourisme.quillan@ wanadoo.fr, http://www.aude-pyrenees.fr.

POINTS D'INFORMATIONS TOURISTIQUES

- Alaigne : Syndicat du Cru Malepère, 33 (0)4 68 69 95 10, crumalepere@wanadoo.fr, http://www.vins-malepere.com.
- Axat : Pays d'accueil touristique du canton d'Axat, 33 (0)4 68 20 59 61, pat-axat@wanadoo.fr, http://www.pays-axat.org.
- Belvèze-du-Razès : Communauté de communes des Coteaux du Razès, 33 (0)4 68 69 55 32, lescoteaux-durazes@wanadoo.fr.
- Lauraguel : Communauté de communes Razès Malepère, 33 (0)4 68 31 94 10, ccrazesmalepere@ wanadoo.fr, http://www.razes-malepere.com.
- Limoux : Service tourisme de Limoux, 33 (0)4 68 31 11 82, tourisme@limoux.fr, http://www.limoux.fr.
- Roquefeuil : Communauté de communes du Pays de Sault, Maison de la Montagne, 33 (0)4 68 20 76 55, cdc.paysdesault@wanadoo.fr.

COMITÉ DÉPARTEMENTAL DU TOURISME (CDT)

- CDT de l'Aude, Conseil Général de l'Aude, Allée Raymond Courrière, 11855 Carcassonne, Cedex 09, 33 (0)4 68 11 66 00, documentation@audetourisme.com, http://www.audetourisme.com, www.lesentiercathare.com.

FÉDÉRATION FRANÇAISE DE LA RANDONNÉE PÉDESTRE

- Centre d'information de la Fédération française de la randonnée pédestre, 64, rue du Dessous-des-Berges, 75013 Paris, 33 (0)1 44 89 93 90, info@ffrandonnee.fr, www.ffrandonnee.fr.

COMITÉ DÉPARTEMENTAL DE LA RANDONNÉE PÉDESTRE

- Comité départemental de la randonnée pédestre de l'Aude, 8, rue Camille Saint-Saens, Maison des Sports, 11000 Carcassonne, 33 (0)4 68 47 69 26, contact@auderando.fr, http://www.auderando.fr.

COMITÉ RÉGIONAL DE LA RANDONNÉE PÉDESTRE

- Comité régional de la randonnée pédestre du Languedoc-Roussillon, Maison Régionale des Sports, 1039, rue Georges Méliè, 34000 Montpellier, 33 (0)9 72 19 52 86, contact@lr-ffrandonnee.fr, lr.ffrandonnee.fr.

Pour mieux connaître la région

BIBLIOGRAPHIE

GÉOGRAPHIE, HISTOIRE ET PATRIMOINE DE LA RÉGION

- *Le Maître de Cabestany*, éd. Zodiaque, 2000.
- *Les Châteaux du Pays Cathare*, MSM éd., 2002
- Aue M., *Découvrir le Pays Cathare*, MSM éd., 2004.
- Aubarbier J.-L., *Le Pays cathare*, éd. Ouest France, 2001.
- Bély L., *Connaître les Cathares*, éd. Sud-Ouest, 2006.
- Berlioz J., *Le Pays cathare : Les religions médiévales et leurs expressions méridionales*, éd. Points, 2000.
- Brenon A., *Le vrai visage du catharisme*, éd. Loubatières, 2004.
- Diel D., *Châteaux et forteresses en Pays Cathare*, éd. Loubatières, 2003.
- Juge J.-P., *Aude au cœur*, éd. Loubatière, 2002.
- Lebedel C., *Comprendre la tragédie des cathares*, éd. Ouest-France, 1998.
- Moscovino P. et Marti C., *Le Pays Cathare, chemin faisant*, éd. Etudes & Communication, 2007.
- Peytavie C., *Les Cathares*, Carnets Midi-Libre, éd. Romain Pages, 2004.
- Roquebert M., *La croisade contre les Cathares*, éd. Loubatières, 1996.
- Roux J., *Les Cathares*, MSM éd., 2007.

FAUNE ET FLORE DE LA RÉGION

- Dendaletche C., *Les Pyrénées : la vie sauvage en montagne et celle des hommes*, éd. Delachaux & Niestlé.
- Claustres J. et Lemoine P., *Connaître la flore des Pyrénées*, éd Sud-Ouest 1999.
- Harrant H. et Jarry D., *Guide du naturaliste dans le Midi de la France*, éd. Delachaux & Niestlé.
- Saulé M., *La grande flore illustrée des Pyrénées*, Rando Editions.
- Munoz J.-C., *Faune sauvage des Pyrénées*, éd. SUA, 2004.

GUIDES TOURISTIQUES

- *Guide Vert Languedoc Roussillon,* éd. Michelin, 2007.
- *Guide du Routard Languedoc-Roussillon,* éd. Hachette, 2007.
- *Le Petit Futé Aude,* éd. Le Petit Futé, 2007.
- *Aude Pays Cathare*, éd. Gallimard, 2004.

SUR LA RANDONNÉE

- *L'Aude Pays Cathare… à pied,* éd. FFRandonnée, réf. D011.
- *Le sentier cathare,* Rando Éditions 2011.
- *Traversée du Haut-Languedoc GR 7/GR 71,* éd. FFRandonnée, réf. 716.
- *Le Pays de la Narbonnaise… à pied*, éd. FFRandonnée, réf. P113.
- *Le Pays Carcassonnais… à pied*, éd. FFRandonnée, réf. P114.
- *Les plus belles balades dans l'Aude,* éd. du Pélican.

HÉBERGEMENT

- *Gîtes d'étapes et refuges*, A. et S. Mouraret, mise à jour permanente sur : www.gites-refuges.com

Pour connaître la liste des autres topo-guides de la Fédération française de la randonnée pédestre, consulter le catalogue sur le site Internet de la Fédération : www.ffrandonnee.fr

CARTES DE LA RÉGION

- **CARTES RANDO ÉDITIONS AU 1 : 55 000 :** N° 9 Le Sentier Cathare
- **CARTES RANDO EDITIONS AU 1 : 50 000 :** N° 10 Canigou
- **CARTES MICHELIN AU 1 : 200 000** N° 83, 82, 86

Où se restaurer et dormir dans la région ?

TROIS TYPES D'APPELLATION

❶ **Alimentation**

❷ **Restauration** (café ou restaurant)

❸ **Hébergement**

Les établissements Rando Accueil (gîtes, hôtels, campings) sont sélectionnés pour leur convivialité et leur environnement de qualité ; en outre, ils proposent des conseils personnalisés pour découvrir les itinéraires de randonnée alentour. www.rando-accueil.com.

	Alimentation	Restauration	Hébergement
Arques	●	●	●
Axat	●	●	●
Belvèze-du-Razès	●	●	●
Belvianes		●	●
Bugarach		●	●
Cailhau	●		●
Campagne-sur-Aude	●	●	●
Camurac	●	●	●
Chalabre	●	●	●
Clermont-sur-Lauquet			●
Couiza	●	●	●
Greffeil		●	●
Lapradelle-Puilaurens	●	●	●
Limoux	●	●	●
Magrie			●
Mazerolles-du-Razès			●
Nébias		●	●
Puivert	●	●	●
Quillan	●	●	●
Rennes-les-Bains	●	●	●
Rivel		●	●
Roquefeuil		●	●
Saint-Hilaire	●	●	●
Serres			●

LE PAYS CATHARE® UNE MARQUE Sud de France

LA MARQUE LE PAYS CATHARE®

La marque Le Pays Cathare® a été créée en 1992. Propriété du Conseil général de l'Aude et déposée à l'INPI (Institut national de la propriété industrielle), elle regroupe de nombreux professionnels audois des secteurs du tourisme, de l'agro alimentaire et de la viticulture sans oublier les artisans d'art et de nombreux représentants des métiers de bouche.

L'ensemble de ces produits et services répondent à des cahiers des charges spécifiques qui garantissent qualité, origine et authenticité des savoir faire.

Aujourd'hui, la marque Le Pays Cathare® s'organise autour de 4 lignes de produits : séjour et hébergement, gastronomie et saveurs, activités et découvertes, rencontre de créateurs (artisans d'art et vignerons). Retrouvez sur www.payscathare.com l'ensemble des 900 professionnels engagés dans la démarche de qualité Pays Cathare®.

Dans l'Aude, vous pourrez reconnaître les produits et services labellisés grâce au logo qui les caractérise.

Suivez les balisages de la FFRandonnée

LES TYPES DE BALISAGE

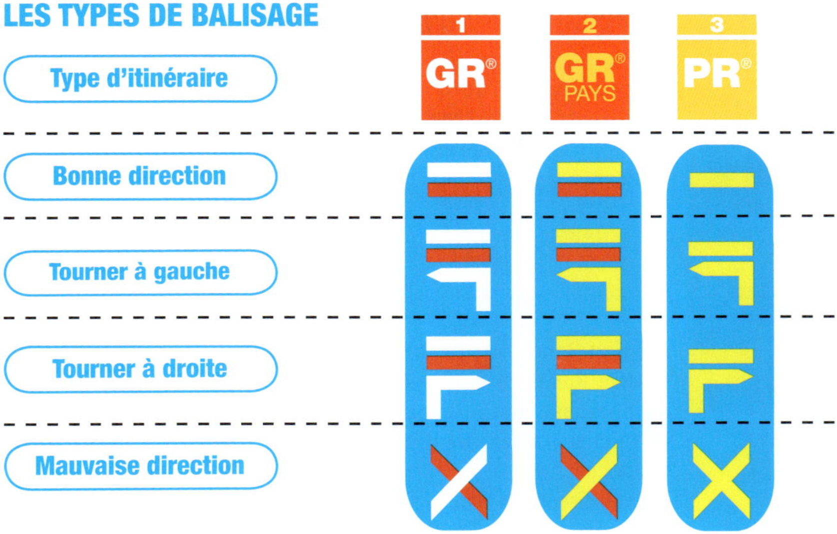

1 Grande Randonnée / 2 Grande Randonnée de Pays / 3 Promenade & Randonnée

MARQUAGES DES BALISAGES

Le jalonnement des sentiers consiste en marques de peinture sur les arbres, les rochers, les murs, les poteaux. Leur fréquence est fonction du terrain.

Les baliseurs : savoir-faire et disponibilité

Pour cheminer sereinement, 6000 bénévoles passionnés s'activent toute l'année, garants d'un réseau de 180000 kilomètres de sentiers, sélectionnés et aménagés selon des critères de qualité.

Des sentiers balisés à travers toute la France

LA FFRandonnée AUJOURD'HUI

La Fédération française de la randonnée pédestre, c'est plus de 205 000 adhérents, 3 350 associations affiliées, 180 000 km de sentiers balisés GR® et PR®, 120 comités régionaux et départementaux, 20 000 bénévoles animateurs et baliseurs, 270 topo-guides, un magazine de randonnée *Passion Rando* et un site Internet : www.ffrandonnee.fr.

PARTENARIAT : engagé depuis 1992, GDF Suez soutient l'ensemble des secteurs d'activités de la Fédération : sentiers, balisage, édition et information du grand public.

Passion Rando, le magazine des randonneurs

Passion Rando Magazine apporte aux amoureux de la randonnée et d'authenticité toutes les pistes de découverte des régions de France et à l'étranger, les propositions d'itinéraires, d'hébergements et des bonnes adresses.

En valorisant les actions locales d'engagement pour la défense de l'environnement et d'entretien des sentiers, *Passion Rando Magazine* porte un message sur le développement durable, la préservation de la nature et du réseau d'itinéraires de randonnée pédestre.

Abonnez-vous sur www.ffrandonnee.fr

PassionRando
LE MAGAZINE DES PASSIONNÉS DE LA RANDO

PARTEZ TRANQUILLE AVEC LA RandoCarte®

4 atouts au service des randonneurs

- Une assurance spéciale « randonnée »
- Une assistance 24/24 h et 7/7 jours en France comme à l'étranger
- Des avantages quotidiens pour vous et vos proches
- Un soutien à l'action de la Fédération française de la randonnée pédestre et aux bénévoles qui entretiennent vos sentiers de Grande Randonnée et de Promenade et Randonnée

Vous aimez la randonnée

Depuis plus d'un demi-siècle, la Fédération vous propose une assurance, adaptée et performante dont profitent déjà plus de 205 000 passionnés. Faites confiance à la RandoCarte® : elle vous est conseillée par des spécialistes du terrain, passionnés de randonnée…

Une fois encore, ils vous montrent le chemin !

Découvrir **Le Pays de la Haute Vallée de l'Aude**

(1) Vignes, (2) Château de Puylaurens, (3) Campagna-de-Sault, (4) Saint-Hilaire
Photos P.D./CDT 11 (1, 2), CCPS (3), ASPC (4).

Prenant sa source au pied du massif du Carlit dans les Pyrénées, le fleuve Aude étire sa longue signature du sud au nord du Pays.

Géographie et géologie

Le massif du Madres, au sud-est, paradis des randonneurs, s'abaisse progressivement pour rejoindre le Fenouillèdes et les anciennes marches d'Espagne où s'élève, majestueux, le château médiéval de Puilaurens. C'est le pays de l'ours et des grandes hêtraies.

Au sud-ouest, séparé par les impressionnantes gorges de Saint-Georges, de Pierre-Lys et de Joucou, le Pays de Sault garde toute l'authenticité des plateaux d'altitude marqués par les traditions d'élevage et d'exploitation forestière.

Plus au nord, au cœur du Quercorb, le château de Puivert et la bastide de Chalabre témoignent des richesses passées d'une région charnière qui annonce, à l'ouest, les douces collines du Lauragais.

À Quillan, carrefour de communication et ville d'étape privilégiée, l'Aude s'assagit et transforme son accent montagnard et rocailleux en mélopée méditerranéenne. Témoins de l'évolution du temps, les « Hauts » de Campagne-sur-Aude abritent un site paléontologique majeur. C'est ici que fut découvert en 2002 Eva, fossile de dinosaure le plus complet jamais découvert en France.

Puis en descendant doucement la vallée, les coteaux des crus Malepère et Limoux marquent de leur empreinte les paysages et la vie économique d'un pays au carrefour des influences océaniques et méditerranéennes.

PAYS DE LA HAUTE VALLÉE DE L'AUDE

Aude
Pays Cathare
Quelle histoire !

Place Alcantara - 11300 Limoux
Tél. 04 68 20 58 38 - Email : smvapa@payshva.org

Théâtre de la croisade contre les Albigeois, le souvenir cathare est ici omniprésent. Les noms des châteaux de Puilaurens, Puivert ou Arques font écho à ceux des abbayes de Saint-Polycarpe, Rieunette, Saint-Hilaire ou Alet-les-Bains.

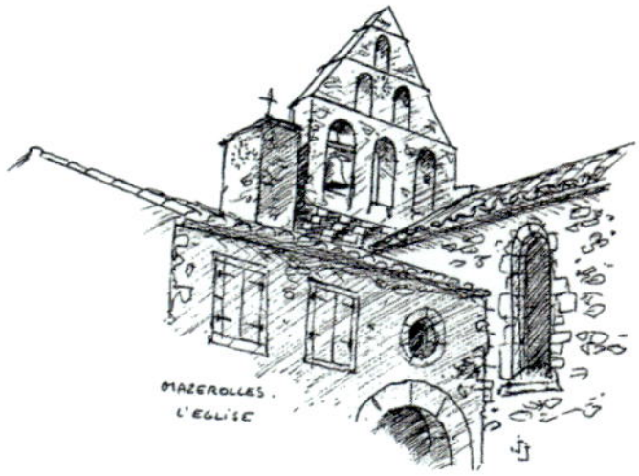

MAZEROLLES-DU-RAZÈS / DESSIN J.-J.D.

Vins, gastronomie et traditions

Terroir d'origine de la Blanquette puisque, selon la tradition, c'est à l'abbaye de Saint-Hilaire que le célèbre Dom Pérignon découvrit en 1531 la mutation naturelle du vin tranquille en vin effervescent, la Haute Vallée de l'Aude s'enorgueillit de six appellations d'origine contrôlée (AOC) : blanquette de Limoux et « méthode ancestrale » en 1938, crémant de Limoux en 1990, Limoux blanc en 1993, Limoux rouge en 2004 et Malepère en novembre 2006.

Rois de la fête, les vins ne restent jamais seuls à table. Gâteaux au poivre (*pebradous*) à l'apéritif, salaisons de montagne, fricassée de Limoux, pommes de terre du Pays de Sault, fromages de chèvre et écus du Pays Cathare, nougats, gâteaux et *taps* (chocolats) de Limoux complètent généreusement les repas.

Puisant son origine dans la tradition des meuniers du Moyen Âge, le carnaval de Limoux anime la ville durant les dix week-ends précédant la Semaine Sainte. En respectant un rite et une musique traditionnels, le *fécos*, les bandes dansent, *carabène* à la main, de café en café tout autour de la place de la République, centre de la cité blanquetière.

Faune et flore

Isolé du littoral méditerranéen par le massif des Corbières, le Pays de la Haute Vallée de l'Aude connaît un climat de transition subissant tout à la fois les influences maritimes, océaniques et montagnardes.

Le chêne pubescent puis le chêne sessile remplacent progressivement le chêne vert. En montant en altitude, de nombreuses essences forestières apparaissent : hêtre, châtaignier, pin sylvestre, etc.

A partir de 1 000 m, dans les Pyrénées audoises, le hêtre et le sapin blanc sont les arbres les plus communs. Les sous-bois de montagne sont particulièrement riches en espèces : rhododendron, myrtille, framboise… C'est le territoire du grand tétras, du merle à plastron, de la chouette de Tengmalm et de nombreux rapaces, mais aussi du cerf élaphe, du loir, du lérot, de la salamandre noire et jaune et du crapaud alyte.

Rares en milieu méditerranéen, les prairies et les pâturages sont présents dans les secteurs de moyenne et de haute montagne. La présence de bétail est surtout localisée dans les pâturages et estives du Pays de Sault.

Traditions ancrées dans la vie de nos terroirs, la chasse et la pêche profitent de l'exceptionnelle diversité des paysages. Classée en 1re catégorie en amont de Limoux, l'Aude

AUDE PAYS CATHARE
Quelle histoire !

UNE DESTINATION
Sud de France

TOUTES LES INFORMATIONS PRATIQUES SUR LE SENTIER CATHARE : LES 12 ÉTAPES, LES INCONTOURNABLES, LE CARNET DE VOYAGE À TÉLÉCHARGER, TOUS LES DÉTAILS POUR PRÉPARER VOTRE RANDONNÉE.
À RETROUVER SUR :

www.lesentiercathare.com

propose un cadre enchanteur aux amoureux de la pêche sportive.

Au-delà des zones viticoles où lièvres, lapins et perdrix font le bonheur des amateurs, la moyenne et la haute montagne sont des zones de chasse au grand gibier.

Activités de **pleine nature**

Avec plus de 800 km de pistes VTT balisées et entretenues, la Haute Vallée de l'Aude possède le plus grand site VTT labellisé FFC de la chaîne pyrénéenne. La variété du réseau routier permet quant à elle aux cyclotouristes de trouver partout un itinéraire à leur mesure.

Des gorges de Saint-Georges, en amont d'Axat, à Limoux, l'Aude offre des parcours de tous niveaux pour la pratique des sports d'eau vive (canoë, raft, kayak, nage en eau vive).

VILLARZÈL-DU-RAZÈS / DESSIN J.-J.D.

RANDONNEURS,
VOUS êtes des acteurs clés de la prévention incendie,
SOYEZ TOUJOURS EN ALERTE !

Dans les pays méditerranéens, **85%** des feux de forêts sont dus à **l'intervention de l'homme**, alors que seuls **15%** de ces incendies proviennent de **phénomènes naturels**.

Prévention :

- J'ai conscience des risques et des comportements à risques
- Je n'expose pas le milieu naturel à un départ d'incendie
- Je n'allume pas de feu (barbecue, allumettes…)
- Je suis très précautionneux avec les cigarettes et je ne jette pas de mégots
- Je ne gare pas mon véhicule trop près de la végétation
- Lorsque les risques sont trop importants, la Clape et Fontfroide mais aussi l'île Sainte-Lucie peuvent être fermés. Je me renseigne sur la fermeture des massifs et je sais renoncer à ma randonnée.

En cas de départ d'incendie :

- Je donne l'alerte au plus vite en appelant le 18 d'un téléphone fixe ou le 112 d'un mobile ; et j'indique aussi précisément que possible la localisation du feu, son importance et la direction dans laquelle il progresse ;
- Si l'incendie ne concerne que quelques mètres carrés et que les flammes n'atteignent pas un mètre, j'essaie de l'éteindre avec de l'eau, de la terre ou du sable ;
- Si je suis surpris par l'incendie, je cherche un écran de protection (mur, rocher, butte ou terre) et je me protège le visage avec un linge humide.

18 **112** **Découvrez, Observez et Prévenez. Numéros utiles : 18 ou 112**

Retrouvez l'ensemble des recommandations sur le site de la Fédération
www.ffrandonnee.fr
rubrique Environnement

Chalabre
1
GR 7A
Puivert
2
Belvis
3
Rodome
4
GR7A
Rouze
Limoux
Quillan
Espéraza
Axat
0
5 km
1/250000
Feuille R17
© IGN 2007

Un bref aperçu **du GR® 7A**

(1) Chalabre, (2) Comus, (3) Château de Puivert, (4) Ourtiset
Photos OTI Quercorb (1), C.B. (2), ASPC (3), CCPS (4)

Le GR® 7 part du Ballon d'Alsace, traverse les Vosges et les Cévennes, arpente la Montagne Noire au nord de l'Aude. Il traverse le Lauragais et le canal du Midi pour atteindre Fanjeaux, passer en Ariège à Mirepoix et retrouver l'Aude à Chalabre avant de gravir les Pyrénées pour atteindre l'Espagne puis le Portugal.

Cet itinéraire traverse des sites prestigieux et des panoramas grandioses. Cette terre chargée d'histoire où se sont succédés Gallo-romains, Francs et Wisigoths, cette terre d'Occitanie chantée par les troubadours, ce pays cathare théâtre de la croisade contre les Albigeois et de l'Inquisition, est aujourd'hui un territoire authentique et accueillant, chaleureux par essence, possédant une nature préservée d'une grande richesse.

Le GR® 7 est entièrement balisé blanc-rouge. L'itinéraire proposé est sa partie audoise, dénommée GR® 7A. En cinq étapes, de Chalabre à Rouze, ce sentier permet de découvrir Puivert et son château, Nébias, Belvis et son site paléolithique, Rodome, Campagna-de-Sault.

Château de Puivert / Photo OTI Quercorb

1re étape
Chalabre – Puivert
(18,8 km, 5 h 25)

Hébergement à Chalabre

- *Hôtel de France*, 33 (0)4 68 69 68 60, hotel-de-france8@wanadoo.fr.

Chambres d'hôtes :

- *La Hierbabuena*, 33 (0)4 68 74 35 60, la.hierbabuena@yahoo.fr.
- *Le Falgas*, 33 (0)4 68 69 20 88, le.falgas@wanadoo.fr.
- *Ronconi Olivier*, 33 (0)4 68 69 34 03.

De Chalabre à Montjardin (2 km, 30 min)

Ancienne bastide fortifiée s'articulant en quatre cours autour de la halle aux grains, Chalabre s'est créée sur un ancien oppidum gallo-romain avec en toile de fond les crêtes enneigées des Pyrénées et les grandes forêts de Puivert et de Bélesta.

Dans Chalabre, sur la D 12, près du Chalabreil, prendre la rue d'En Plumet jusqu'au plan d'eau. Suivre la D 620 sur 300 m, puis la quitter sur la droite vers Montjardin.

De Montjardin à la route forestière (3,6 km, 1 h 10)

Prendre à droite de la mairie. Le sentier oblique à droite puis à gauche pour cheminer en plateau ; prendre la voie du milieu. Quitter la piste en remontant à gauche, puis tourner deux fois à droite. En tournant à angle droit, sur la gauche, passer devant Courtizayre et rejoindre la route forestière.

De la route forestière au col de Festes (6,5 km, 1 h 35)

Remonter à droite. Ignorer tous les chemins de droite et de gauche, le « chemin de Machore » et le « chemin de Fontrouge ». Au bout de 20 min, quitter la route au col de Buis pour grimper un raidillon à droite. En haut de la côte, tourner à droite puis à gauche pour retrouver la route du col de Festes.

Du col de Festes au col des Tougnets (2,7 km, 50 min)

Descendre et, au bout de 100 m, quitter la route à gauche sur un sentier qui s'enfonce dans les bois. Au croisement, prendre à droite pour retrouver la route et la descendre vers le col des Tougnets.

Du col des Tougnets au château de Puivert (4 km, 1 h 20)

Repartir sur le chemin en face afin de monter au col de Lapeyrouse. Au col, obliquer à droite et cheminer dans le bois. À la clôture, descendre un raidillon sur 100 m et traverser la clôture à droite. Cheminer tout droit vers un embranchement.

> A droite, Puivert (10 min).

Le GR® tourne à gauche puis, au bout de 300 m, à droite pour remonter vers le parking du château de Puivert.

CHÂTEAU DE PUIVERT / PHOTO OTI QUERCORB

2e étape : Puivert – Belvis (15,6 km, 4 h 15)

Hébergement à Puivert

- *Le relais des Marionnettes*, 33 (0)4 68 20 80 69, michdub@orange.fr.
- *La Peyrouse,* 33 (0)4 68 20 24 19, lapeyrousepuivert@yahoo.fr.
- *L'Irénée,* 33 (0)4 68 20 95 79.
- *La Cocagnière,* 33 (0)4 68 20 81 90, lacocagniere@wanadoo.fr.
- *Au Petit Verger*, 33 (0)4 68 20 66 08, martyn.pickering@wanadoo.fr.

De Puivert à Nébias (6,8 km, 1 h 30)

Dès le XIIe, Puy-Verd fut le rendez-vous des plus fameux troubadours de l'époque. Edifié sur une crête rocheuse, son donjon monumental se dresse au-dessus d'une plaine autrefois occupée par un lac. On pénètre dans l'enceinte par une superbe tour-porte à étage munie d'une herse. Lors de la croisade des Albigeois, le château fut pris après trois jours de siège, mais les assiégés s'étaient enfuis par les souterrains.
Dans le village, le musée du Quercorb présente les reconstitutions des instruments du XIVe siècle sculptés dans le donjon du château.

Dos au château, le GR® file droit vers l'est. Laisser la piste qui descend. Au bout de 15 min, descendre à droite pour repartir 400 m plus bas à gauche sur un sentier parallèle à la route. Le suivre sur 4 km jusqu'à retrouver la route. La suivre à droite jusqu'à Nébias.

MOULIN DE NÉBIAS / PHOTO OTI AP

De Nébias au lac de Tury (3,5 km, 1 h 10)

Remonter à gauche l'allée de la promenade et descendre près de l'église. Traverser la D 117 et, en obliquant à gauche, filer vers la forêt. Prendre tout droit puis à droite et, à l'orée du bois, à gauche. À 50 m, prendre à gauche sur une piste forestière, une sente qui grimpe dans la forêt de Tury. Prendre tout droit et deux fois à droite pour suivre à gauche et à droite un chemin empierré et passer une barrière pour atteindre le lac de Tury.

Du lac de Tury à la maison forestière de Montmija (1,7 km, 35 min)

Contourner le lac par la droite pour remonter toujours à droite dans les bois. Prendre à gauche dans la forêt de Callong (sapins géants). Après une barrière, tourner encore à gauche vers la maison forestière de Montmija.

De la maison forestière de Montmija à Belvis (3,6 km, 1 h)

Repartir en face. Prendre la fourche à droite puis remonter à gauche. Descendre pour passer en face entre deux taillis. Puis aller à gauche et tout droit. Aboutir sur la D 422, tourner à gauche et atteindre Belvis.

FORÊT DE SAPINS / PHOTO OTI AP

3e étape : Belvis – Rodome (10,2 km, 2 h 50)

Hébergement à Belvis
• Gîte d'étape *La Gineste*, 33 (0)4 68 20 76 31, gitelagineste@free.fr.

De Belvis à Belfort-sur-Rébenty (6 km, 1 h 30)

Joli petit village perché qui jouxte les grandes forêts de Callong et Picaussel, Belvis est remarquablement exposé et domine les plateaux et les gorges. A 960 m d'altitude, la grotte de La Cauna est le site paléolithique le plus élevé et l'un des plus orientaux de la chaîne des Pyrénées.

Descendre en droite ligne jusqu'à la D 222, puis tourner à droite et à gauche. Prendre à droite pour traverser la D 613. Obliquer à droite et ignorer un chemin à gauche. Aux croisements suivants, prendre à gauche, tout droit deux fois, à droite et enfin tout droit. Suivre la route à gauche sur 100 m. La quitter à droite puis la retrouver et atteindre à droite Belfort-sur-Rébenty.

De Belfort-sur-Rébenty au hameau de Caillens (2 km, 50 min)

Descendre vers l'église et la D 107. La traverser. Franchir le Rébenty pour tourner à gauche. Remonter à droite dans la forêt et prendre trois fois à droite vers le hameau de Caillens.

Du hameau de Caillens à Rodome (2,2 km, 30 min)

Repartir en face pour longer une clôture et atteindre une route. La suivre à gauche. Ignorer un chemin à gauche. Prendre à gauche trois fois puis à droite. Retrouver la route ; au bout de 100 m, un raccourci à gauche mène à Rodome.

4e étape : Rodome – Rouze (14,8 km, 3 h 55)

De Rodome au col de la Clause (3,4 km, 1 h 05)

Village bâti en amphithéâtre, Rodome conserve les vestiges d'une de ses deux portes défensives. Au Moyen Âge, le bourg était installé sur le point culminant du village actuel, entouré par un mur d'enceinte. En 1573, lors des guerres de Religion, Rodome fut pris et pillé.

Franchir le pont à gauche et repartir à droite. Suivre à gauche la piste forestière qui traverse la forêt du Rébenty et mène au col de la Clause.

Vous êtes sur le célèbre « Chemin de Vauban» ou « Chemin des canons ». Au XVIIe siècle, Louis XIV en guerre contre l'Espagne fit construire par Vauban un chemin pour transporter soldats et canons vers Mont-Louis.

Du col de la Clause à Campagna-de-Sault (5,5 km, 1 h 10)

Au col, descendre à gauche. 100 m plus loin, prendre à droite pour passer une clôture. Passer une 2e clôture. Tourner autour d'un pylône pour descendre au sud. Ignorer un chemin de gauche. Continuer tout droit et passer une barrière pour atteindre Campagna-de-Sault.

De Campagna-de-Sault à Rouze (6 km, 1 h 40)

Passer devant l'église et descendre à droite de la fontaine. Déboucher sur la D 1629. Repartir en face, et franchir à gué le ruisseau pour s'enfoncer dans la forêt de Salvanières. Ignorer le chemin de la Fount d'argent et rejoindre une piste forestière. La suivre à gauche au-dessus de la vallée de la Bruyante *(superbe vue sur les ruines du château d'Usson).* Poursuivre à droite sur le sentier des ponts de Vauban et atteindre Rouze.

Le château des anciens seigneurs de So et d'Alion est un site millénaire qui contrôlait la vallée de l'Aude et protégeait le pays du Donezan de toute incursion. Tout au long de son histoire, il fut une forteresse inexpugnable.

Campagna-de-Sault / Photo CCPS

1
Quillan
2
Labau
Marsa
3
Aigues-Bonnes
4
la Bastide
5
Bugarach
Sentier Cathare
Sentier Cathare (variante)
Nébias
Brenac
Ginoles
Coudons
Quirbajou
Belvianes-et-Cavirac
Cavirac
St-Ferriol
Granès
St-Just-et-le-Bézu
St-Julia-de-Bec
St-Louis-et-Parahou
St-Martin-Lys
Gorges de la Pierre-Lys
Axat
Gorges de St-Georges
Puilaurens
Lapradelle
Caudiès-de-Fenouillèdes
N.-D. de Laval
Chât. St-Pierre
Fenouillet
Castel Sabordas
Castel Fizel
Pech de Bugarach
Camps-sur-l'Agly
Sougraigne
Salvezines
Pech de Carabatets
Pic d'Estable
Forêt Dom. d'Aigues Bonnes
F. Dom. des Fanges
Pays Cathare
0 1/100 000 (réduite) 2 km
Feuilles 71 et 72
© IGN 2003

Un bref aperçu
du Sentier Cathare

(1) Château de Puilaurens, (2) Forêt, (3) Pic de Bugarach, (4) Quillan
PHOTOS CCCA (1), OTI AP (2, 4), P.D./CDT 11 (3)

Le Sentier Cathare chemine de la Méditerranée aux Pyrénées. Long de 200 kilomètres, divisé en douze étapes, il offre une grande variété de paysages : étangs et salins du littoral, vignobles de Fitou et des Hautes Corbières, garrigues méditerranéennes, forêts, gorges et montagnes pyrénéennes : une variété de milieux et de climats qui reflète la richesse de ce pays.

Aguilar, Quéribus, Peyrepertuse, Puilaurens, Puivert, Montségur, citadelles du vertige érigées sur d'impressionnants pitons rocheux, jalonnent l'itinéraire et évoquent une page de l'histoire médiévale méridionale, le catharisme languedocien. Âpres et arides, ces terres mystérieuses se révèlent peu à peu accueillantes et chaleureuses à tous ceux qui prennent le temps de les découvrir. Parcourir le Sentier Cathare, c'est entrer en quête de sens et se mettre à l'écoute des leçons de l'histoire.

Cet itinéraire est entièrement balisé jaune et bleu. Les différentes variantes existantes et le maillage avec les sentiers des Pays permettent au randonneur de choisir son lieu de départ et la durée de son itinérance.
Empruntant les variantes nord et sud du Sentier Cathare, la boucle proposée permet, en cinq jours à partir de Quillan, de découvrir le château de Puilaurens et la forêt pyrénéenne, le Fenouillèdes, les Corbières, le Pech de Bugarach et la Haute Vallée de l'Aude. Les extensions possibles vers les « citadelles du vertige » Peyrepertuse et Quéribus à l'est, ou vers Puivert et le Pays de Sault à l'ouest, permettront de compléter la connaissance de ce sentier mythique.

1re étape
Quillan – Labau
(20,8 km, 6 h, dén. 880 m)

Hébergement à Quillan
Office de tourisme intercommunal Aude en Pyrénées**, square André-Tricoire, BP8, 11500 Quillan, 33 (0)4 68 20 07 78, tourisme.quillan@wanadoo.fr.

De Quillan à Coudons (7,1 km, 2 h 20, dén. 580 m)

Départ : Derrière la gare, chemin de Castillou.

Située au centre d'un cirque dominé par la haute montagne pyrénéenne, Quillan est une étape privilégiée pour découvrir le Pays Cathare.
De nombreuses civilisations se sont succédées sur le site : Ibères, Celtes, Romains, Wisigoths, Sarrasins et Francs au IXe siècle. Tous s'installèrent sur la rive droite de l'Aude (Atax autrefois) près du château sur la colline Saint-Pierre. Ce promontoire les protégeait d'éventuelles attaques et des crues de l'Aude. Au XIe siècle, les habitants, à l'étroit sur leur escarpement, gagnèrent la rive gauche et relièrent les deux rives par un pont en bois.
La ville fut attribuée au baron d'Arques lors de la croisade contre les Albigeois, et devint ville royale en 1247. Elle fut détruite par les protestants au XVIe siècle.
Perdant tout intérêt stratégique suite au traité des Pyrénées (1659), le château et les remparts furent démantelés (1735) et les fossés comblés devinrent des boulevards.

Se diriger vers le pittoresque village de Ginoles. Contourner le ravin de Gignés et grimper dans la forêt pour atteindre Coudons *(magnifique point de vue).*
À Coudons, le Sentier Cathare descend la D 613 vers Nébias (jonction avec le GR® 7A montant vers le château de Puivert – 13,8 km).

De Coudons à Labau (13,7 km, 3 h 40, dén. 300 m)

De Coudons, grimper dans la forêt vers le col du Camelier et le col de Casses-Crabides. Atteindre le village haut perché de Quirbajou *(il offre une belle vue sur la magnifique vallée du Rébenty encaissée en gorges profondes (défilé de Joucou) et divisant en deux le Pays de Sault).* Un ancien chemin charretier devenu sentier descend à flanc la rive droite de la vallée sous les falaises de la Bastournade. À Marsa *(autrefois Castrum Portis)*, passer le pont sur le Rébenty et partir à droite pour arriver à Labau (2 km).

QUILLAN / PHOTO OTI AP

Hébergement à Labau

• Gîte d'étape de Labau, 33 (0)4 68 20 54 12, patrice.somogy@orange.fr.

2e étape : Labau – Aigues-Bonnes (26,5 km, 6 h 40, dén. 250 m)

De Labau à Axat (12 km, 3 h)

Retrouver Marsa. Passer devant l'église et longer le Rébenty par un joli sentier ombragé. De Cailla, filer vers Axat, au pied de la magnifique forêt de Fontanilles, près des pittoresques gorges de Saint-Georges.

Le village d'Axat bénéficie d'un cadre naturel exceptionnel. Le château (en ruines) bâti sur un oppidum gallo-celtique devint sous les Wisigoths un château fort contrôlant la vallée de l'Aude. Le site offre un superbe panorama. Les rues aux passages couverts, les fontaines abreuvoirs et un pont en dos d'âne lui confèrent un charme très montagnard.

D'Axat à Puilaurens (9 km, 2 h 30)

Après avoir traversé l'Aude, monter vers l'église castrale et poursuivre, toujours dans la forêt, vers le col de Campérié. Cheminant sur une crête boisée, atteindre le château de Puilaurens.

CHÂTEAU DE PUILAURENS / PHOTO P.D./CDT 11

Le château de Puilaurens, imposant et majestueux sur une éminence rocheuse (Mont Ardu), véritable nid d'aigle, servit de refuge pour les Cathares en fuite. Il occupait une position d'importance stratégique en contrôlant l'accès de trois vallées. Il fut un des bastions de la résistance cathare. Un dispositif très ingénieux « en chicane » avec deux enceintes défensives en faisait un château difficile à investir.
En 1258, il devint garde-frontière avec 25 hommes d'arme, mais en 1636, il fut pris par les Espagnols. Après le traité des Pyrénées, ayant perdu tout intérêt stratégique, il fut abandonné et devint le repaire des bergers et des bandits.

Descendre en sous-bois vers Puilaurens.
À Puilaurens, l'église romane de Saint-Laurent renferme un splendide retable baroque.

Hébergement à Puilaurens

• Gîte d'étape Le Mas Occitan - Chez Mado, 33 (0)4 68 20 66 09, contact@mas-occitan.com.

Chambres d'hôtes :

• La Maison 1800, 33 (0)4 68 20 79 66.

• La Folie, 33 (0)9 52 14 70 15, info@lafolie.biz.

De Puilaurens à Aigues-Bonnes (5,5 km, 1 h 10)

Remonter dans le vallon de Roque-Brune *(belles vues sur le château)* pour atteindre Aigues-Bonnes à 3,3 km.

3e étape : Aigues-Bonnes – Labastide (19,9 km, 5 h 30, dén. 600 m)

Hébergement à Aigues-Bonnes
• Gîte d'étape Aygues-Bonnes, 33 (0)4 68 20 51 90, colette.chazalet@wanadoo.fr.

D'Aigues-Bonnes à Caudiès-de-Fenouillèdes (4,4 km, 1 h 10)

Quitter Aigues-Bonnes, passer le hameau des Bordes et le pont de Nautes jusqu'aux gorges de Saint-Jaume, étroit défilé présentant un cheminement en terrasse et une succession de passerelles *(ermitage de Notre-Dame de Laval).*
Atteindre le village de Fenouillet composé de sept hameaux dont le principal, la Vilasse, est encadré par les ruines du château de Saint-Pierre dominant les gorges de Saint-Jaume et par celles du Castel Sabarda *(les seigneurs de Fenouillet prirent une part active à la résistance cathare. En 1258, Fenouillet devint possession royale. En 1635, il fut rasé par les Espagnols).*
Continuer le long des gorges jusqu'à Caudiès-de-Fenouillèdes *(ce joli village recèle un patrimoine surprenant : maisons médiévales et platanes séculaires sur la place de la mairie, anciennes portes, lavoir, église et maison du viguier dans le centre historique).*

De Caudiès-de-Fenouillèdes au hameau de Labastide (15,5 km, 4 h 20)

Quitter le village par la D 9, prendre le sentier qui monte sur le plateau *(près du col de Bedau, on peut jouir d'une belle vue sur le Pech de Bugarach).* Continuer vers les ruines de la bergerie de la Couillade (à gauche, sentier vers Bugarach) et celles de Campeau *(qui attestent de l'ancienne activité pastorale).*
Du col de Péchines, descendre vers une crête *(vue panoramique du Canigou au Saint-Barthélemy).* Atteindre le hameau de Labastide.

> Camps sur l'Agly à 2,4 km
Situé aux confins des Corbières, du Razès et du Fenouillèdes, construit sur un piton rocheux, le château, dont il ne reste que quelques vestiges, domine la vallée de l'Agly. Il fut le refuge de nombreux Cathares et chevaliers Faydits. Du sommet, vue superbe. À environ 7 km, les impressionnantes gorges de Galamus.

4e étape : Labastide – Bugarach (9,6 km, 3 h, dén. 400 m)

Hébergement à Labastide
• Gîte d'étape La Bastide, Le Masson Richard, cb@labastide.net.

De Labastide, revenir vers la bergerie de la Couillade et bifurquer à droite vers Bugarach.
> Peu après, possibilité de monter au pic de Bugarach (1 231 m) par la « voie de la fenêtre ».

Impressionnant belvédère dominant les Corbières avec un panorama grandiose (3 h A/R, difficile, possibilité de le faire du col de Linas).

Hébergement à Bugarach

• *Maison Nature et Randonnée*, 33 (0)4 68 69 83 88, maisondelanature@aol.com.
• Gîte d'étape du Pic, 33 (0)4 68 69 86 72, commune-de-bugarach@orange.fr.
Chambres d'hôtes :
• *À la Ferme*, 33 (0)4 68 69 84 98.
• *Les hôtes de Bugarach*, 33 (0)4 68 20 34 71.
• *Van Erk Sander*, 33 (0)4 68 69 82 12.

5e étape : Bugarach – Quillan (9,6 km, 3 h, dén. 365 m)

La légende dit que le nom de Bugarach viendrait de deux lutins, Bugh et Arach, qui auraient demandé à Jupiter de les protéger du Cers. Ils furent exaucés par une muraille protectrice : le Pech de Bugarach. Dès l'Antiquité, les Romains exploitèrent des mines d'or à Bugarach. Le village, d'abord rattaché aux abbayes de Saint-Polycarpe et d'Alet, devint le fief du sieur d'Arques.

Quitter Bugarach par un sentier plein sud qui monte au col du Vent. Rester sur le versant nord et suivre la piste qui descend vers le Bézu *(belle vue sur la vallée et l'arête rocheuse des ruines du château des Templiers)*. Passer le village de Saint-Just-et-le-Bézu.

Le château à 2 km du Bézu, perché sur un éperon rocheux, fut pris par Simon de Montfort. On dit qu'en 1344, le neveu du pape Benoît XII aurait été surpris en train de fabriquer de la fausse monnaie.

Passer par Saint-Julia-de-Bec puis monter au col des Trois Quilles *(belle vue sur Belvianes et Cavirac et les impressionnantes gorges de Pierre-Lys)*.

La route qui traverse ce fantastique défilé fut construite au pic et à la pioche, au début du XIXe siècle par les paroissiens de l'abbé Armand, curé de Saint-Martin-Lys. Le « trou du curé » désenclava le pays.

Passer sous le pic de Bitragues et rejoindre le Pont Vieux de Quillan.

PIC DE BUGARACH / PHOTO P.D./CDT 11

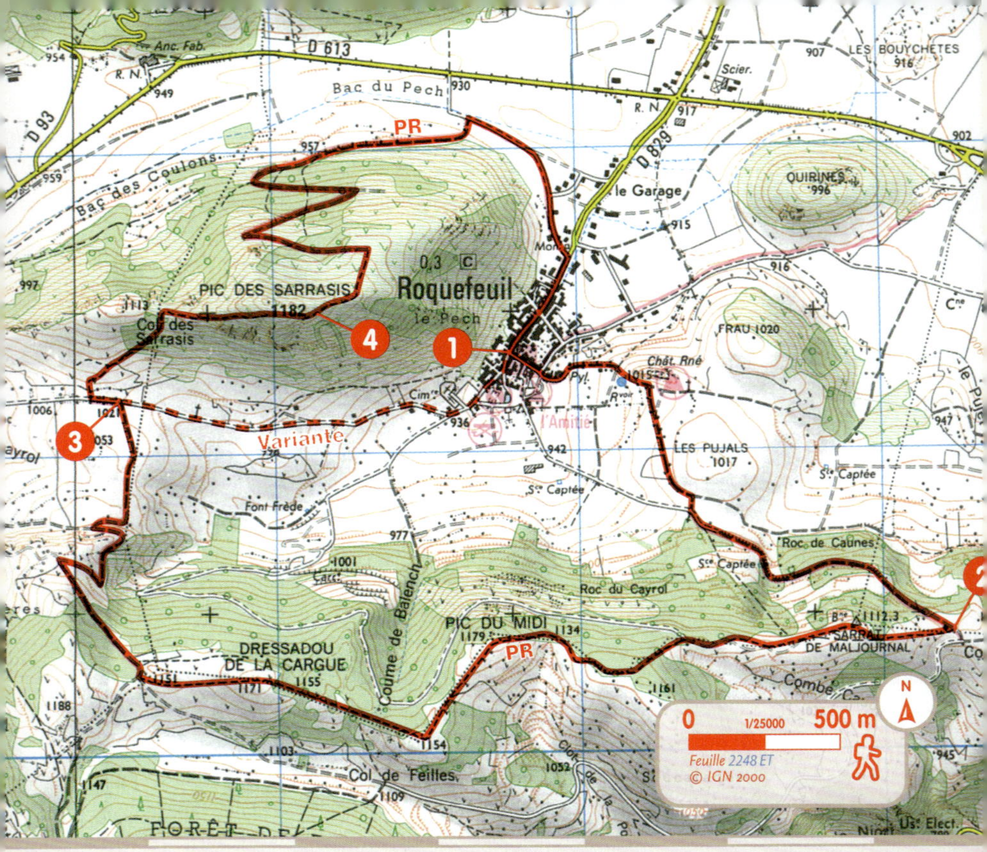

PATRIMOINE BÂTI

LA GUERRE DE ROQUEFEUIL

Erigé aux environs du XIIe siècle sur un piton rocheux, le château autour duquel était construit le village originel de Roquefeuil fut le théâtre de violents combats aux alentours de 1230. C'est au XIIIe siècle, au plus fort du mouvement cathare, que le Pays de Sault fut le refuge des chevaliers « faidits » (hors-la-loi) et de certains Cathares qui trouvèrent là la protection des chevaliers locaux face aux forces royales. Ce fut la guerre de Roquefeuil. Avec la fin des invasions (espagnoles, sarrasines…), la forteresse fut démontée et servit à reconstruire le village actuel au plus proche des terres arables. On devine encore les murailles, les murs d'enceinte de l'église et de la tour du château.

ROQUEFEUIL / PHOTO G.G.

Pics du **Midi** et des **Sarrasis**

CIRCAÈTE JEAN LE BLANC / DESSIN P.R.

Cet agréable sentier vous emmène à la découverte de l'histoire et du patrimoine du village de Roquefeuil et du Pays de Sault. Le parcours sur les crêtes sommitales offre des points de vue remarquables sur le plateau et la vallée du Rébenty.

1 Depuis le bureau de poste de Roquefeuil, prendre la route en direction du camping et continuer l'ascension jusqu'aux ruines du château. Emprunter la piste qui fait face au château et, au croisement, tourner à gauche. Le chemin monte au col d'Ubi.

2 Au col, s'engager sur le sentier à droite. Il suit la ligne de crête, se sépare de la piste pour rester sur la ligne de crête à gauche, franchit le pic du Midi *(vue sur le grand plateau d'un côté et la vallée du Rébenty de l'autre)*, passe une borne *(fleur de lys)* et arrive à un croisement. Prendre la piste à droite et déboucher sur une route.

> Variante *(circuit de 8 km, 3 h)* : emprunter la route à droite pour regagner le village.

3 Prendre la route à gauche sur 100 m, puis monter par le sentier à droite au col des Sarrasis et longer la crête à droite pour gagner le pic des Sarrasis.

4 Entamer la descente par la crête, puis obliquer à gauche et continuer par la piste en lacets qui mène sur le plateau. Tourner à droite, bifurquer à droite et poursuivre par la route à droite pour retrouver le village.

PR® 1

MOYEN

4H • 11KM

S SITUATION
Roquefeuil, à 24 km au sud-ouest de Quillan par les D 117, D 613 (direction Belcaire) et D 829

P PARKING
dans le village

/ DÉNIVELÉE
altitude mini et maxi, dénivelée cumulée à la montée

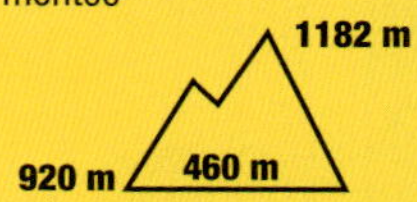

B BALISAGE
1 à 4 > jaune
4 à 1 > non balisé

À DÉCOUVRIR...

> En chemin :
• vestiges du château de Roquefeuil
• point de vue remarquable sur le plateau de Sault
• borne à fleur de lys en limite des anciennes forêts royales
• Roquefeuil : village pittoresque, église (retable baroque classé)

> Dans la région :
• maison de la Montagne du Pays de Sault
• Barrenc de Picaussel
• site Natura 2000 de la vallée du Rébenty

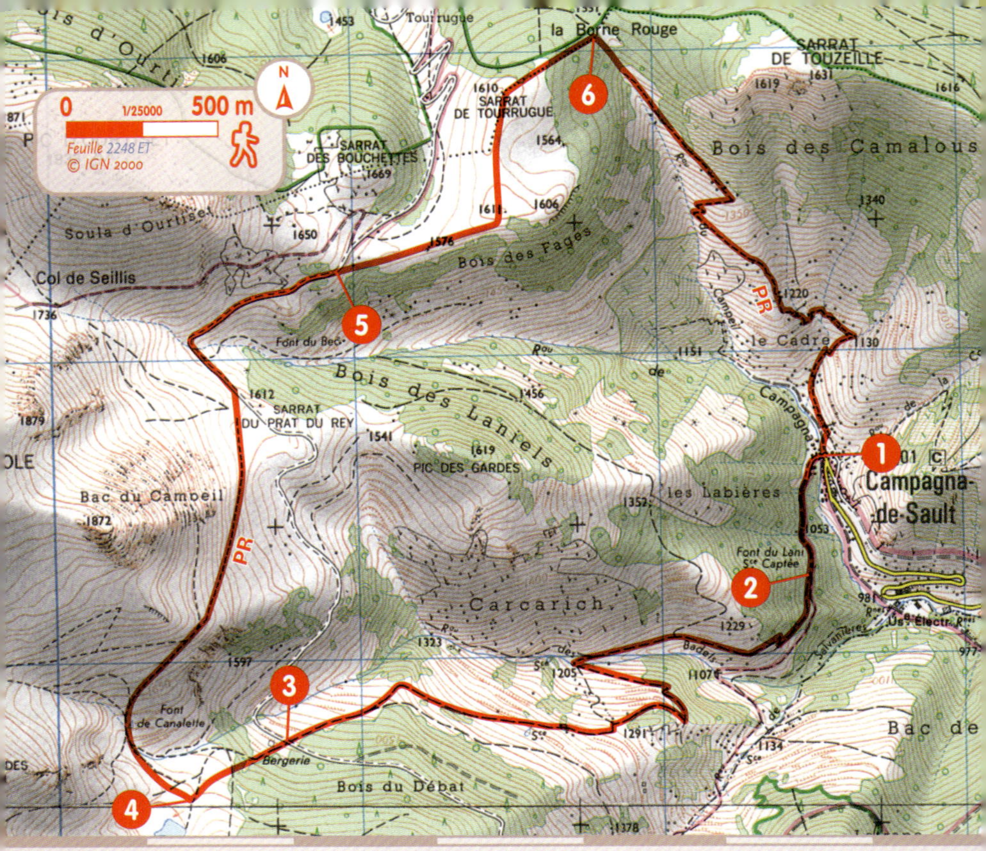

MILIEU NATUREL

Un paysage façonné par l'activité agro-sylvo-pastorale

Jusqu'au milieu du XIXe siècle, la montagne était organisée en différents terroirs. Le village de Campagna-de-Sault et ses alentours en sont un bel exemple. En fond de vallée, l'habitat occupe le bas de la soulane (versant sud) et se regroupe en village dense pour libérer les terres cultivables. L'occupation de la pente en terrasse tire parti d'une exposition favorable.

Les zones intermédiaires et de parcours se situent au-dessus du village et regroupent les prairies de fauche, les pâturages et les landes parcourus par les troupeaux. Il existe dans ces zones un important réseau de chemins et d'irrigation des prairies.

Les forêts étaient réduites pour l'agriculture, le pâturage et le charbonnage.

Les pelouses d'altitude ou estives, pacagées par les troupeaux transhumant pendant la période estivale, ont permis l'installation des populations en montagne grâce à la pratique de l'élevage transhumant.

Campagna-de-Sault / photo CCPS

Boucle de **Campagna-de-Sault**

Certainement l'un des plus beaux circuits du Pays de Sault, de par ses paysages montagnards, forestiers et ses grandes étendues sauvages. Depuis le pittoresque village de Campagna-de-Sault, vous monterez jusqu'aux estives par les sentiers de transhumance.

1 Traverser le village en descendant vers le ruisseau. Franchir le pont pour passer en rive droite de la vallée et poursuivre par la piste qui s'élève à flanc sur 300 m.

2 S'engager à droite sur le sentier muletier en sous-bois, franchir le petit pont de pierre et entrer dans la hêtraie. Le sentier monte en deux lacets, traverse des terrasses de noisetiers, un pré *(bien suivre le balisage)*, un bosquet, un nouveau pré puis se faufile dans un tunnel de hêtres.

3 Traverser la piste, longer la clôture sur la droite et monter tout droit vers l'enclos à moutons. À proximité de la cabane du berger, grimper dans la prairie jusqu'à une clôture *(vue sur un petit lac)*.

4 Se diriger à droite sur 100 m, puis tourner de nouveau à droite et traverser l'estive *(bien suivre le balisage placé sur des poteaux ou des rochers)*. À gauche de l'abreuvoir, trouver le sentier qui monte à droite (nord-est) sur 200 m, passer la clôture et continuer par le sentier qui grimpe à droite. Il franchit un collet, descend à flanc de pente *(nombreux terriers de marmottes)*, se faufile dans un passage rocheux et poursuit la descente à flanc. Prendre la piste à gauche et arriver à l'intersection avec le sentier du « Tour de L'Ourtiset ».

5 Descendre vers l'abreuvoir et parcourir la ligne de crête qui vire à gauche (nord), franchit le Sarrat de Tourrugue et descend près du col de la Borne-Rouge.

6 Descendre à droite par le sentier bien marqué à travers bois puis à découvert dans les pentes de la rive gauche du vallon et rejoindre Campagna-de-Sault.

VACHE GASCONNE / DESSIN P.R.

PR® 2

DIFFICILE

3H45 • 10KM

S SITUATION
Campagna, à 40 km au sud de Quillan par les D 117, D 118 (direction Font-Romeu) et D 1629

P PARKING
dans le village

DÉNIVELÉE
altitude mini et maxi, dénivelée cumulée à la montée

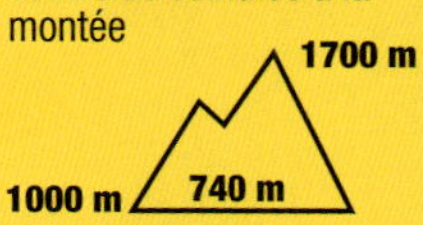

B BALISAGE
jaune

! DIFFICULTÉS !
circuit à ne pas entreprendre par temps de brouillard ou d'orage

À DÉCOUVRIR...

> En chemin :
• Campagna-de-Sault : église, petit patrimoine • flore de montagne très diversifiée • marmottes • troupeaux d'ovins et de bovins en estive • point de vue remarquable sur le massif du Madres

> Dans la région :
• maison de la Réserve naturelle de la Grotte du TM 71 • sentier thématique de la « Route Vauban » • grotte de l'Aguzou • site Natura 2000 de la haute-vallée de l'Aude

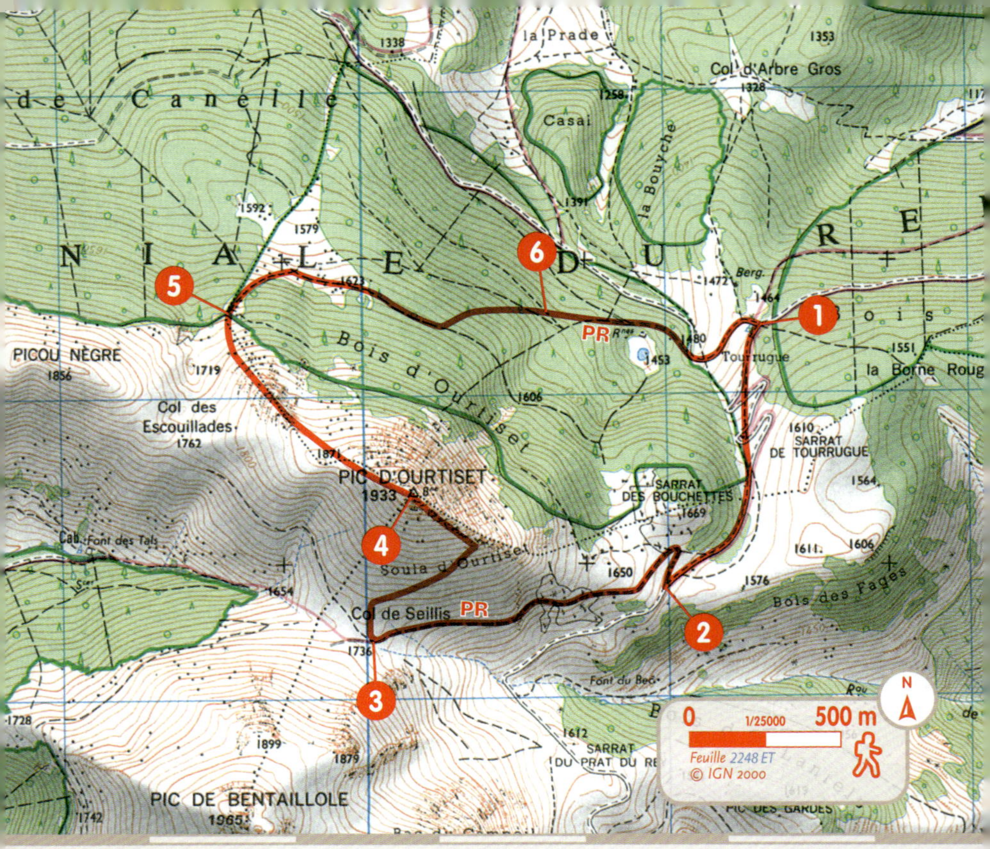

MILIEU NATUREL

La ZNIEFF « Crête de Pailhères et Montagne de l'Ourtiset »

L'inventaire des ZNIEFF (zone naturelle d'intérêt écologique faunistique et floristique) qui date de 1982 est un outil de connaissance du patrimoine naturel de France. Une ZNIEFF se définit par l'identification scientifique d'un secteur du territoire national particulièrement intéressant sur le plan écologique. On en distingue deux types : des zones d'une superficie limitée (type I) caractérisées par la présence d'espèces et de milieux rares et remarquables, et de grands ensembles naturels (massif forestier, vallée, plateau…) riches et peu modifiés qui offrent des potentialités biologiques importantes (type II).

La ZNIEFF de type II du Pic de l'Ourtiset est l'une des rares zones calcaires d'altitude de l'Aude. Sa flore y est caractéristique et diversifiée. Le site abrite plusieurs espèces remarquables de la faune alpine (ours, lagopède, perdrix grise, aigle royal, vautour fauve).

Ourtiset / photo CCPS

Tour de l'Ourtiset

Ce circuit, le plus haut du département de l'Aude, parcourt un site exceptionnel par ses paysages montagnards, sa faune et sa flore. Du sommet, vous découvrirez la totalité du Pays de Sault, les Pyrénées ariégeoises, catalanes et, si la visibilité est bonne, le pic de Bugarach avec à l'horizon, au-dessus de la plaine de Carcassonne, la Montagne Noire.

VAUTOUR FAUVE / DESSIN P.R.

1 Au col de Tourrugue, prendre la piste qui monte en face du refuge pastoral sur 350 m.

2 Monter par la piste à droite vers le col de Seillis.

3 100 m avant la clôture qui traverse le col, monter à droite par le sentier en lacets qui se hisse jusqu'à la crête, puis la gravir à gauche pour gagner le pic de l'Ourtiset.

AIGLE ROYAL / DESSIN P.R.

4 Du sommet, descendre à travers les pins à crochets, franchir la clôture et continuer la descente par la sente qui rejoint la crête où poussent quelques pins puis passe sur l'autre versant dans la prairie et atteint un replat.

5 Pénétrer à droite dans la forêt, suivre le sentier, puis gravir la « tire » forestière avant de descendre par le chemin à gauche.

6 Dans la clairière, tourner à droite et descendre par une nouvelle « tire ». En bas, remonter par la route des Sapins à droite pour retrouver le col de Tourrugue.

PR® 3

MOYEN

2H45 • 6KM

S SITUATION
col de Tourrugue (forêt du Rebenty), à 40 km au sud-ouest de Quillan par les D 117 (direction Puivert), D 613 (direction Belcaire), D 29 (à Espezel), D 20 (à Rodome) et route des Sapins

P PARKING
au col

DÉNIVELÉE
altitude mini et maxi, dénivelée cumulée à la montée

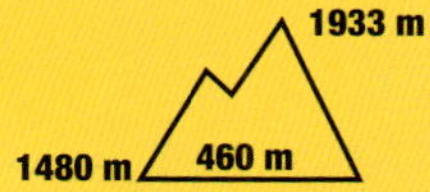

B BALISAGE
jaune

! DIFFICULTÉS !
• montée puis descente raide entre **3** et **5**
• circuit à ne pas entreprendre par temps de brouillard ou d'orage

À DÉCOUVRIR...

> En chemin :
• flore de montagne très diversifiée• nombreux rapaces (vautour fauve, aigle royal…)
• troupeaux d'ovins et de bovins en estive
• marmottes • point de vue remarquable

> Dans la région :
• maison de la Réserve naturelle de la Grotte du TM 71 • sentier thématique de la « Route Vauban » • Rodome : ferme équestre
• site Natura 2000 de la vallée du Rébenty

Belvédère du Pas de l'Ours
B. de la Bouyche
Bois de Camp Long
FORÊT DOMANIALE DE LA PLAINE
Col de la Gargante
Col de Lancise
Bois de Lancise
Bois de l'Agre
PR
l'Eychartel
Pla du Boum
Bois de Pechpoudous
LE POUMAIROL
Soula des Fonts
Sce captée
Col du Boum
SERRE DU LAUZET
Clot Sibra
Coume Belle
LESCANIE
Gîte d'étape
0,05
Comus
les Escoumes
Col du Boum de Camurac
les Cols
MONTPIE
le Moulin
Sarrat du Pouts
Besset
Coume Sourde
la Coste
Sémeno
Pla de Fau
la Bouchayrolle
D 20
RIEUTORT
0,15
Camurac
LE PECH
Anc. Min de Pas
Anc. Min du Milieu
Colie de Vac.
Clots de la Maule
ST-JAMMES
L'ARGELIER
Cr. de l'Argelier
la Fajole
Chemin des Bonshommes
D 5 A
D 105
SOULA DE L'ORTEIL
0 500 m
1/25000
Feuille 2148 ET
© IGN 2000
1
2
3
4
5
6
7
8

Tour du Boum

À travers de belles forêts de sapins ceinturées par les sommets pyrénéens, avec, en fond, la silhouette mythique du Saint-Barthélémy, cet itinéraire traverse de typiques villages montagnards.

1 Suivre la rue principale jusqu'à l'église.

2 La longer à gauche et poursuivre par un chemin de terre. À l'intersection, tourner à gauche, dépasser une croix et atteindre la D 613. L'emprunter à droite sur 150 m. Dans le virage, prendre le chemin à gauche. Croiser la route et continuer à droite sur un chemin le long du ruisseau. À la fin du chemin, poursuivre tout droit, sans s'élever, sur une sente. Longer la base de la colline jusqu'à la D 20.

3 L'emprunter à gauche jusqu'au carrefour à l'entrée de Comus. Prendre la rue qui grimpe à droite.

4 Avant la sortie du village, emprunter un chemin de terre à droite qui s'estompe en virant à droite. Continuer à monter en lacets. Couper la route, poursuivre sur le chemin en face pour la retrouver. La prendre à gauche jusqu'au col du Boum *(vue sur le Saint-Barthélémy).*

5 S'engager à droite sur le chemin qui descend dans la cuvette du Pla du Boum. Laisser les départs à droite et suivre la piste qui rejoint la source captée. Continuer sur 350 m, puis prendre à gauche le chemin qui monte au col de la Gargante.

> Par la piste la plus haute, accès au point de vue du Pas de l'Ours sur Montségur et les gorges de la Frau *(45 min aller-retour).*

6 Au croisement, emprunter la piste à droite vers le col de Lancise, à travers des sapinières.

7 Juste avant le col, tourner à droite sur un chemin qui descend au Pla du Boum. À l'intersection au milieu du Pla, prendre à gauche un large chemin peu marqué *(abreuvoir à gauche).* Progresser vers un col boisé et s'élever tout droit dans les pins jusqu'à un croisement.

8 Bifurquer à gauche, effectuer un lacet et gagner une piste en avant du col. La suivre à droite et continuer à monter vers la crête. Franchir un épaulement et descendre vers Camurac. Ignorer deux chemins à gauche. Après le cimetière, emprunter la D 20 à gauche.

2 Retrouver le point de départ.

PR® 4

DIFFICILE

4H30 • 15KM

S SITUATION
Camurac, à 60 km au Sud-Ouest de Limoux par les D 118, D 117 et D 613

P PARKING
place du Monument aux Morts

DÉNIVELÉE
altitude mini et maxi, dénivelée cumulée à la montée

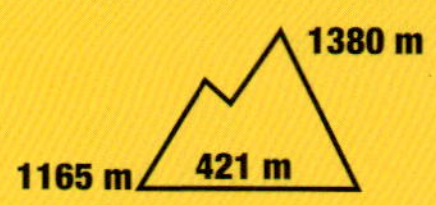

B BALISAGE
1 à 3 > jaune
3 à 5 > jaune-rouge
5 à 1 > jaune

! DIFFICULTÉS !
- montées raides entre **4** et **5** et après **8**
- zone de chasse (se renseigner en mairie)

À DÉCOUVRIR...

> En chemin :
- forêts de sapins
- point de vue du Pas de l'Ours

> Dans la région :
- Camurac : station de ski
- Montaillou : château XIVe
- gorges de la Frau
- Montségur : château XIIIe et musée archéologique

ÉCONOMIE

L'AGRICULTURE AU PLA DU BOUM

Le fond de cette vaste cuvette d'effondrement était traditionnellement dévolu à l'élevage bovin et, au pied du col du Boum, une source alimentait quelques abreuvoirs. Cependant, lors des moissons, les hommes préféraient boire l'eau de la lointaine source des cols, près de Camurac. En effet, cette zone bien exposée, ensoleillée et à l'abri du vent, était régulièrement cultivée. Céréales, pois, pommes de terre y poussaient. Mais la production la plus réputée était celle des lentilles de Comus, traditionnellement présentes lors de tous les grands repas, surtout celui de Noël. Étant plus productives sur des sols pauvres, elles étaient cultivées de préférence sur les parcelles les plus ingrates. Aujourd'hui, la nature s'est réapproprié le Pla du Boum et, au milieu des plantations de résineux, seuls les troupeaux de moutons y pâturent encore.

VACHES BELINS / PHOTO P.D./CDT 11

MILIEU NATUREL

LA SAPINIÈRE DU PAYS DE SAULT

Adossé aux premiers plissements pyrénéens, le Pays de Sault est une région de moyenne montagne où la sapinière occupe la majeure partie du paysage. Ces anciennes forêts royales, qui furent souvent surexploitées au cours des siècles précédents, ont reconquis durant la déprise agricole du XXe siècle les espaces abandonnés et appauvris. Le bois de qualité que produit le sapin, peu nerveux et élastique, lui valut en 1754 d'être classé « apte au service de la marine » (construction des mâts des voiliers). Celui-ci est toujours très prisé et son importance économique reste importante. En forêt domaniale de Callong-Mirailles, le parcours aménagé du « Sentier Sylvicole » permet de découvrir les différentes étapes de la vie d'un peuplement.

SAPINS GÉANTS / PHOTO OTI AP

Comus / Photo C.B.

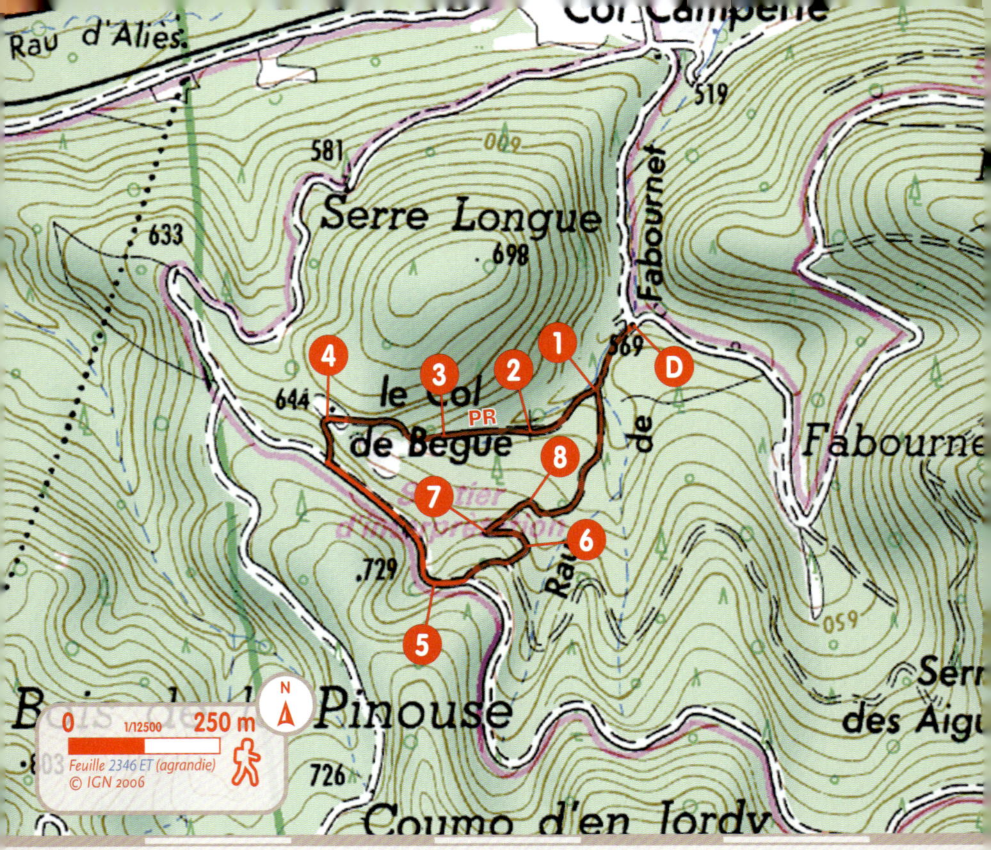

ÉCONOMIE

Les « Journées Forestières »

La vie des hautes vallées audoises est profondément liée à la forêt. Les « Journées Forestières », organisées depuis trente ans, ont pour objectif de valoriser les différentes professions et techniques liées à l'exploitation du bois. Véritable hymne à la forêt, ces biennales sont l'occasion de rencontres avec les professionnels : bûcherons, débardeurs utilisant la traction animale ou mécanique, présentent leurs métiers et font la démonstration de leur amour du milieu forestier. Des gestes ancestraux sont ainsi répétés mettant en évidence une symbiose entre l'homme et son environnement.

Bûcheron aux journées forestières / dessin J.-C.C.

La forêt, lieu de vie, de travail et de plaisir permet une rencontre intime avec la nature. Cet hommage permet à un nombreux public de prendre mieux conscience de cette richesse à protéger pour les générations futures.

Sentier d'**interprétation** de la **forêt**

Ce sentier d'interprétation autour du thème de la forêt audoise permet d'appréhender l'écosystème forestier, ainsi que son fonctionnement.

D Au panneau « Départ », monter vers la droite pour rejoindre la station n° 1 qui, située en bordure d'un ruisseau, traite **de l'arbre et de l'eau**. Cette relation primordiale s'illustre par la présence d'une végétation abondante et plus variée *(arbustes, fougères, mousses...)*.

1 Continuer tout droit pour arriver à la station n° 2 qui montre **le profil du sol** *(progression des racines à la recherche des éléments nutritifs et de l'eau enfouis dans ce milieu)*.

2 Suivre le sentier jusqu'à la station n° 3 qui se situe à l'entrée d'une **plantation d'épicéas communs** *(attention au balisage). La régularité des espacements, les dimensions et la différence avec le milieu environnant témoignent de la plantation par la main de l'homme.*

3 Partir vers la droite et continuer le sentier jusqu'à la station n° 4 où sont mises à l'honneur **les marques** *utilisées par les hommes pour se repérer, pour délimiter leur propriété ou informer les autres.*

4 Tourner à gauche et monter dans la forêt. Arriver sur la piste forestière, tourner à gauche. Après 250 m, monter à droite à flanc pour trouver la station n° 5. À cet emplacement, est mis à l'honneur le roi incontesté des forêts pyrénéennes : **le sapin pectiné**.

5 Rejoindre la piste forestière par le même chemin et continuer à droite. Quelques mètres plus loin, prendre à gauche *(attention au balisage)* et descendre vers la station n° 6 : **l'exploitation forestière**.

6 Continuer de descendre, pour arriver à la station n° 7 où sont reproduites les empreintes de quelques animaux les plus fréquents dans nos forêts. À gauche, une mouillère permet de reconnaître quelques **traces**.

7 Continuer la descente vers la station n° 8, au cœur d'une plantation de **pins sylvestres**.

8 Suivre le chemin en pente jusqu'au point de départ.

PR® 5

TRÈS FACILE

2H • 1,6KM

S SITUATION
forêt communale de Lapradelle-Puilaurens, à 4 km à l'est d'Axat par la D 117, puis emprunter le pont en haut du col du Campérié

P PARKING
à 650 m au sud du col du Campérié, au pied du panneau « Départ »

DÉNIVELÉE
altitude mini et maxi, dénivelée cumulée à la montée

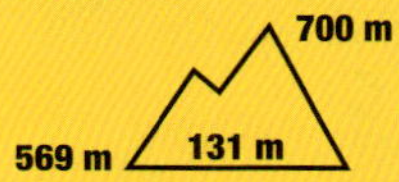

B BALISAGE
jaune et panneaux d'accompagnement numérotés de **1** à **8**

! DIFFICULTÉS !
sentier glissant par temps de pluie, notamment entre les points **8** et **1**

À DÉCOUVRIR...

> Dans la région :
- château de Puilaurens
- grotte de l'Aguzou
- gorges de l'Aude : Saint-Georges et Pierre-Lys (sports d'eau vive)
- train du Pays Cathare et du Fenouillèdes

PATRIMOINE BÂTI

LE CHÂTEAU DE PUILAURENS

Dressé à 697 m, au sommet du « Mont Ardu », Puilaurens est parmi les mieux conservées des grandes forteresses des Corbières. Au Moyen Âge, il est un des principaux bastions de la vicomté occitane de Fenouillèdes. Au XIIIe siècle, pendant les événements liés à la répression du catharisme, il sert de refuge à de nombreux proscrits avant d'être pris par le roi de France vers 1250. Il est alors rebâti entièrement pour garder la frontière entre la France et le comté de Barcelone. Sa défense est assurée par vingt-cinq sergents d'armes renforcés par des chiens de garde. Après avoir subi plusieurs sièges, le château est définitivement abandonné vers 1800. De nos jours, classé Monument Historique, il appartient à la commune de Lapradelle-Puilaurens.

LA SERRE DES AIGUILLES ET LE CHÂTEAU DE PUILAURENS / PHOTO P.D./CDT 11

La Serre des **Aiguilles**

Ce circuit forestier par la Serre des Aiguilles offre des points de vue inhabituels et sans cesse renouvelés sur le château de Puilaurens.

1 Prendre la D 22 en direction de Lapradelle sur 500 m. 100 m avant l'ancienne scierie Benassis, emprunter à gauche le petit sentier ombragé qui monte vers le parking pour déboucher sur la billetterie du château de Puilaurens *(prévoir 1 h 15 pour la visite)*.

2 Prendre la route à gauche sur 100 m. Dans le virage, partir à droite. S'engager sur la piste de gauche *(vues sur le château et sa rampe d'accès en chicanes)*. Elle monte, puis descend et atteint un replat à une bifurcation.

> Par un sentier raide, on peut gravir à droite la Serre des Aiguilles *(815 m ; belvédère dominant Puilaurens avec le pic de Bugarach à l'horizon)*.

3 Suivre la piste qui descend à gauche. Dépasser une intersection, puis arriver à la clairière du col de Camperié (519 m).

4 Monter par la piste de droite, laisser un embranchement à droite *(départ du sentier d'interprétation du milieu forestier)*. Continuer pour longer le Bac d'en Louis *(dans un tournant, vue sur le château)*. Rejoindre le parking du château.

2 Traverser le parking vers le sud. Prendre le chemin balisé en jaune et bleu qui redescend jusqu'au lavoir de Puilaurens.

PHOTO P.D./CDT 11

PR agréé® **6**

DIFFICILE

4H30 • 15KM

S SITUATION
Puilaurens, à 50 km au sud de Limoux par les D 118, D 117 et D 22

P PARKING
Place de Puilaurens, à côté du lavoir

DÉNIVELÉE
altitude mini et maxi

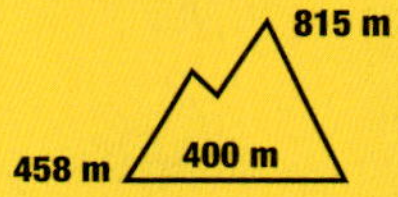

B BALISAGE
1 à 4 > jaune
4 à 1 > jaune et bleu

! DIFFICULTÉS !
- longue montée entre **1** et **3**
- zone de chasse (se renseigner en mairie)

À DÉCOUVRIR...

> En chemin :
- Puilaurens : château cathare XIIIe
- points de vue
- sentier d'interprétation

> Dans la région :
- Cubières-sur-Cinoble : gorges de Galamus
- Espéraza : musée des Dinosaures et musée de la Chapellerie
- gorges du Rebenty
- train du Pays Cathare et du Fenouillèdes

FORÊT DOMANIALE
D'EN MALO
BAC ESTABLE
Plat d'Estable
Pic d'Estable
la Roque Rouge
Barrenc de la Neu (Aven)
Clot de la Seringue
les Artigues d'en Malo
la Soulane
le Soula-Est
les Cloutets
le Caunil
las Fontetos
Roc de l'Assestadou
Col du Fraych
Col d'Al Bouich
Coullade du Prat d'Aille
Prat d'Aille
Gîte Équestre
le Timbre Roch
Varilhes
la Jacète
Clot de Sicart
Soultrane
l'Estreit
Pic de Soulitranes
Forêt Resclause
Toromilla Roch
les Soutoulets
Rau de las Aigues
Mais. Forest.
D 322
PR
0 1/25000 500 m
Feuilles 2248 ET - 2348 ET
© IGN 2000, 2006

La **forêt** d'**En Malo**

PR® 7

DIFFICILE

5H • 13KM

Unissant, en un contraste saisissant, garrigue méditerranéenne et sombres forêts sapinières, ce circuit dévoile, au-delà de vertigineux abîmes, de vastes points de vues sur les Pyrénées et les Corbières.

1 À la sortie du Caunil, suivre la route sur 100 m, puis prendre le chemin à droite et couper la route.

2 S'engager tout droit sur le sentier qui longe un escarpement. Remonter un ravin. À la bifurcation, tourner à gauche. À l'intersection suivante, aller à gauche sur 50 m, puis virer à droite sur un sentier, dans l'axe de lignes électriques. Déboucher sur une piste et l'emprunter à droite vers le col de Frayche.

3 Au carrefour, continuer tout droit *(piste privée)* sur 200 m, puis bifurquer à droite sur le chemin qui mène au col d'Al-Bouich.

4 À l'intersection, partir à droite. Passer sous les lignes électriques et suivre le chemin en montée. Emprunter la route à gauche jusqu'au col des Artigues-d'En-Malo.
> La piste à gauche mène en 1 km à l'aven de Barrenc de la Neu *(curiosité naturelle).*

5 Poursuivre tout droit par la piste sur 350 m, puis bifurquer à gauche. Descendre, dépasser une cabane forestière à gauche. Longer des sapinières, franchir un col et virer à droite sur le chemin qui descend jusqu'à la ligne de crête *(panneau « privé » ; vue sur les gorges de l'Aude, le Bugarach, les Corbières et les Pyrénées).*

6 Grimper à droite par une sente qui longe la crête vers l'Est *(prudence : passage caillouteux)*. Dans une descente, atteindre une intersection, suivre la sente à gauche, puis en crête sur une trace peu visible. S'élever côté falaise et continuer dans la forêt. Par un raidillon, accéder à un replat. Redescendre en face, toujours côté gauche, vers le Plat d'Estable.

7 Tourner à droite sur un chemin discret, à travers bois. Couper une aire de retournement et descendre par le chemin en face qui se dédouble peu après. Rester à droite, ignorer une piste à droite et dévaler le versant du Soula.

8 Bifurquer à gauche vers la route du col du Frayche, puis l'emprunter à gauche.

2 Descendre à gauche et retrouver Le Caunil.

S SITUATION
Le Caunil (hameau de Salvezines), à 48 km au Sud de Limoux par les D 118, D 117, D 22 et D 322

P PARKING
dans le hameau

/ DÉNIVELÉE
altitude mini et maxi, dénivelée cumulée à la montée

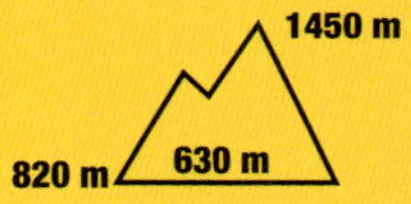

B BALISAGE
jaune

! DIFFICULTÉS !
• passage escarpé et orientation difficile entre **6** et **7** • zone de chasse (se renseigner en mairie)

À DÉCOUVRIR...

> En chemin :
• carrières de Feldspath (utilisé dans l'industrie céramique)
• points de vue

> Dans la région :
• Puilaurens : château XIIIe
• grotte de l'Aguzou
• gorges de l'Aude : Saint-Georges et Pierre-Lys (sports d'eau vive)
• train du Pays Cathare et du Fenouillèdes

FAUNE

HISTOIRE D'OURS

L'ours brun des Pyrénées était encore présent dans l'Aude au début du XXe siècle, particulièrement dans les forêts situées au-dessus de Quillan. Ils ont quasiment disparu des Pyrénées dans les années 1980 et c'est en 1996, en Haute-Garonne, que l'espèce a été réintroduite grâce à des animaux nés en Slovaquie. On compte actuellement plus d'une dizaine d'ours et d'oursons dans le massif. Leur alimentation est essentiellement végétarienne, mais après l'hibernation, ils se nourrissent également de matières carnées. Munis de colliers émetteurs, ils sont surveillés et leurs déplacements sont étudiés minutieusement. Cependant, la présence des ours reste toujours sujette à polémiques pour les habitants du massif pyrénéen.

OURS BRUN / DESSIN P.R.

MILIEU NATUREL

LA FORÊT D'EN MALO

La forêt domaniale d'En Malo occupe une situation particulièrement favorable à la végétation forestière. Entre le pont d'Aliès, au bord de l'Aude, à 392 m d'altitude et le pic d'Estable qui culmine à 1 495 m, elle s'étend sur les pentes Nord d'un grand massif calcaire. Cette montagne arrête les nuages qui viennent de la Méditerranée toute proche engendrant une forte humidité atmosphérique. De ce fait, l'ensemble du massif est recouvert d'une belle forêt dont l'aspect change avec l'altitude. Dans les parties basses poussent des peuplements de pins sylvestres qui dès 600 m d'altitude se mélangent aux hêtres et aux sapins pectinés. Ces deux essences règnent en maître dès 800 m et forment une superbe hêtraie sapinière. La proportion de hêtres, variable, est très faible jusque vers 1 200 m (on trouve souvent des sapinières presque pures dans certaines parcelles), le mélange hêtres-sapins devient plus équilibré dans les parties les plus élevées du massif.

Salvezines En Malo / photo P.D./CDT 11

ÉCONOMIE

LES SPORTS D'EAU VIVE

Axat est un haut lieu des sports d'eau vive, stimulé en 1987 par l'organisation des premiers championnats de France de canoë-kayak pour la zone pyrénéenne. Depuis, les randonneurs nautiques suivent les traces des « carrassiers » du XIIIe siècle qui, de la haute vallée de l'Aude jusqu'à la Méditerranée, acheminaient les troncs d'arbres par radeaux. Aujourd'hui, canoë-kayak, nage en eau vive, rafting, randonnée aquatique, hot-dog et hair-boat sont pratiqués et bénéficient d'un encadrement qualifié. Les parcours, de classe II à IV, offrent sensations fortes et plaisirs ludiques au gré des méandres et des tourbillons. Une façon originale de découvrir ainsi les multiples facettes d'un paysage sans cesse renouvelé. Les tronçons plus sportifs permettent de se mesurer à l'impétuosité du torrent.

RAFTING / PHOTO P.D./CDT 11

Le **sentier** du **train touristique**

Cette boucle, au départ de la gare d'Axat (terminus de la ligne touristique), est une continuation pédestre originale de la promenade en train à travers le Pays Cathare. Cette randonnée familiale offre des points de vue originaux sur Axat, Artigues, les gorges de Saint-Georges, à travers une végétation variée : garrigue, sous-bois de pins, pâturages puis sentier en bord de ruisseau.

> Pour les plus courageux, il est possible de combiner cette boucle avec la randonnée du ruisseau de la Fage (au départ d'Artigues, panneau descriptif sur la place de la Mairie, prévoir 1 h 30 et 4,5 km de parcours supplémentaire).

1 Du parking de la gare, prendre la route en direction d'Artigues (D 83), passer sur le pont surplombant la voie ferrée et poursuivre. Après le second virage, prendre le sentier Cathare sur la droite : il conduit à un croisement au col de la Borde de Seilles.

2 Quitter alors le sentier Cathare pour prendre le chemin à gauche *(à la sortie du sous-bois, un magnifique point de vue à 585 m d'altitude s'offre : au loin, sur la droite, Quirbajou et sur la gauche les gorges de Saint-Georges)*. Le sentier redescend ensuite en bordure de pré, régulièrement, jusqu'au village d'Artigues *(point d'eau : au lavoir dans le village d'Artigues, 150 m en amont de l'église)*.

3 À l'église, prendre à gauche et traverser le village par la D 83 vers Axat. Atteindre le panneau de sortie du village. Virer à droite sur la route indiquant le ruisseau de la Fage. S'avancer jusqu'à la seconde bifurcation à gauche.

4 Laisser le sentier du ruisseau de la Fage et suivre le chemin en herbe à gauche : le « sentier du train ». Il emmène en contrebas vers des pâturages dans le creux du vallon. Ensuite, le chemin se perd : bien suivre le bord droit du pré en rive gauche du ruisseau d'Artigues. À la sortie des prés, retrouver le chemin longeant le ruisseau, jusqu'à un petit tunnel qui passe sous la voie ferrée. Après ce tunnel, poursuivre par le chemin sur la gauche. Déboucher sur la D 83 en amont du pont SNCF. Par la droite, rejoindre le départ.

PR® 8

TRÈS FACILE

1H45 • 5,2KM

S SITUATION
Axat, à 39 km de Limoux par les D 117 et D 118 et à 64 km de Perpignan par la D 117

P PARKING
place de la Gare

/ DÉNIVELÉE
altitude mini et maxi, dénivelée cumulée à la montée

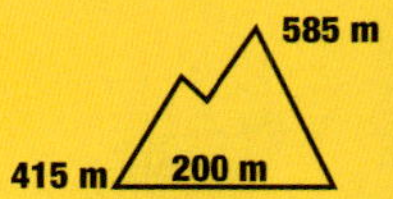

B BALISAGE
1 à 2 > jaune et bleu
2 à 4 > jaune

! DIFFICULTÉS !
la première partie jusqu'à la Borde de Seilles monte régulièrement et est peu ombragée

À DÉCOUVRIR...

> En chemin :
- points de vue sur Axat, Artigues et Quirbajou
- Artigues : église (XIXe) avec fonds baptismaux
- Axat : ruines du château, église et pont vieux (XVIIe), train touristique et piscine ludique

> Dans la région :
- château de Puilaurens
- grottes de l'Aguzou
- gorges de Saint-Georges et de Pierre-Lys

GÉOLOGIE

Dolomie et Feldspath

Le village de Sainte-Colombe, situé dans la vallée de l'Ayguette, possède une richesse particulière : la dolomie. Cette roche exploitée en carrière à ciel ouvert est composée de carbonate de calcium et de magnésium. La dolomie pure est d'un blanc éclatant. Elle est utilisée pour le revêtement des fours et dans les peintures mais également pour l'amendement des sols. Six mille tonnes sont extraites chaque mois de la carrière de Sainte-Colombe-sur-Guette. Autre minerai exploité à proximité : le feldspath, un silicate qui sert de matière première dans l'industrie céramique.

Carrière de dolomie / photo Pat-Axat

Tour du Bénal

Au magnifique promontoire de calcaire ocre des falaises du Bénal, succèdent les prés et les bois en alternance, agrémentés par les eaux-vives des torrents et de très beaux points de vue.

1 Du pont sur l'Ayguette, prendre la rue du Barry-d'Amont qui monte tout droit. Monter la piste vers le sud-est, sur la rive droite du ruisseau de Bailleur. Laisser un chemin herbeux à gauche pour passer près des falaises du Bénal *(1 254 m, point de vue sur la vallée très étroite).*

2 Au pas del Rec, quitter la piste pour emprunter un chemin herbeux à droite. Traverser une mouillère et franchir à gué le ruisseau. Le remonter rive gauche puis le quitter en virant à droite. Monter dans le bois (vers l'ouest) pour rejoindre une tire qui coupe un ruisseau. Continuer la montée (qui devient raide) et arriver au col de Feuille *(1150 m, point de vue sur Counozouls, Roquefort-de-Sault, Le Bousquet).*

3 Du col, descendre plein ouest, tout droit dans les prés, en direction de Counozouls, dont on aperçoit les toits en contrebas. Poursuivre la descente en lacets *(bien refermer les barrières)* et atteindre Counozouls *(fontaine).*

4 À la croix, prendre à droite vers le cimetière. Après 500 m (croix en fer), descendre à gauche dans les buis.

5 Au pas del Treou *(vue sur la vallée de l'Ayguette)*, le sentier amorce un virage à droite *(vue sur Sainte-Colombe et la carrière de dolomie).* Suivre le chemin qui s'élargit et descendre en lacets. Déboucher sur une voie plus large et l'emprunter à droite. Longer alors l'Ayguette jusqu'à Sainte-Colombe.

SAINTE-COLOMBE ET LES FALAISES DU BÉNAL / DESSIN R.-P. J.

PR® 9

MOYEN

3H • 7,5KM

S SITUATION
Sainte-Colombe-sur-Guette, à 9 km au sud d'Axat par la D 118 et la D17

P PARKING
à l'entrée de la rue du Barry d'Amont

/ DÉNIVELÉE
altitude mini et maxi, dénivelée cumulée à la montée

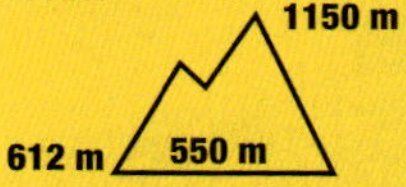

B BALISAGE
jaune

! DIFFICULTÉS !
- zone humide au printemps après **2**
- passage à gué et montée raide entre **2** et **3**

À DÉCOUVRIR...

> En chemin :
- le Bénal (1 254 m)
- col de la Feuille : point de vue
- Sainte-Colombe : église (XIXe), forêt de Resclause
- Counozouls : bénitier en marbre de 1662, croix en fer forgé de 1763

> Dans la région :
- menhir à proximité de Counozouls sur la D 84
- col de Jau (1 506 m)
- massif de Madres (2 469 m)

FAUNE ET FLORE

Observation et découverte des grands rapaces

Le Pech Tignous est un lieu idéal pour observer les nombreuses espèces de rapaces présentent sur le secteur. Le circaète jean-le-blanc, qui met à profit le site pour trouver ces proies, croisera la bondrée apivore, qui niche dans les forêts proches. Exposé au vent et source de nombreux thermiques favorables aux déplacements des grands rapaces, le lieu est en quasi permanence survolé par les vautours fauves ; ils nichent sur les falaises proches. Il est aussi possible d'observer le vautour percnoptère, la buse variable, l'aigle royal, le faucon crécerelle ou l'épervier d'Europe. Merveilleux à observer, tous les rapaces sont protégés et doivent bénéficier de toute notre attention.

Vautour fauve / photo OTI-AP

Le **sentier** de **Camelier**

Le cirque de montagne autour de Quillan, dont les sommets culminent à plus de 1 100 m, représente un terrain de jeux idéal pour la randonnée. Ce parcours d'altitude permet, sans trop d'effort, de profiter de points de vue exceptionnels sur toute la Haute Vallée de l'Aude, ainsi que sur la chaîne des Pyrénées : la table d'orientation du Pech Tignous décline ce paysage du Saint-Barthélemy au pic du Canigou, en passant par le pic de Bugarach.

1 Descendre le long de la D 613 jusqu'à l'arrêt de bus. Prendre le sentier bordé de murettes qui monte vers l'est sur environ 1 km. Parvenir ainsi à un petit col. Grimper à droite à la table d'orientation du Pech Tignous. Revenir sur ses pas jusqu'au petit col et emprunter à droite le sentier qui descend sur 700 m jusqu'à un embranchement de pistes forestières.

2 Monter par le chemin de gauche qui, après 1 km, arrive au col du Soul.

3 Continuer par le chemin, qui descend doucement et se rétrécit, sur environ 1,3 km, jusqu'au col d'En Rouat.

4 Prendre le sentier à gauche qui descend sur 800 m pour gagner le belvédère de la Mousquière. Au point de vue, revenir sur ses pas jusqu'au col d'En Rouat.

4 Partir à gauche sur 400 m jusqu'à un petit embranchement de pistes.

5 Prendre à droite vers l'ouest le sentier Cathare et parvenir au col de Casse-Crabides.

6 Continuer tout droit sur près de 2 km jusqu'à un croisement de pistes.

7 Emprunter la piste à droite sur 20 m pour passer au col de Camelier, puis descendre et retrouver le croisement de l'aller.

2 Par la piste de gauche, continuer à descendre pour revenir au village de Coudons.

PR® 10

MOYEN

3H30 • 11KM

S SITUATION
Coudons, à 11 km à l'ouest de Quillan par les D 117 et D 613

P PARKING
haut du village au niveau de l'abreuvoir

/ DÉNIVELÉE
altitude mini et maxi, dénivelée cumulée à la montée

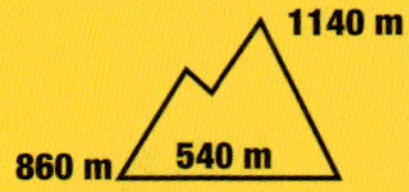

B BALISAGE
1 à 5 > jaune
5 à 1 > sentier Cathare (bleu-orange, et blanc-rouge à partir de 2013)

! DIFFICULTÉS !
montée un peu raide au départ

À DÉCOUVRIR...

> En chemin :
- belvédère et table d'orientation du Pech Tignous
- belvédère de la Mousquière
- forêt de Camelier

> Dans la région :
- Montmija : forêt de Callong
- Puivert : château du XIVe, musée du Quercorb, plan d'eau
- Belvis : Barrenc de Picaussel

GÉOLOGIE

LABYRINTHE ET KARST

L'action de l'eau sur le socle calcaire génère un réseau de formations insolites. Ici le milieu karstique se caractérise par de longs couloirs aux parois recouvertes de mousse et de lichen. Les dolines sont une des formes caractéristiques du karst : ce sont des dépressions arrondies dans lesquelles viennent se rassembler les eaux de pluie pour rejoindre par des puits les réseaux souterrains.

À ce dédale rocheux s'ajoute le fameux labyrinthe vert ! Objet d'une machination complice, ce dédale arbustif développe de multiples galeries frayées dans les fourrés, au risque de vous égarer ! Ce parcours de « désorientation » enchante les enfants.

LABYRINTHE / PHOTO OTI AP

Rassurez-vous, au besoin, un discret et bienveillant balisage vous remettra dans le droit chemin.

Le **Labyrinthe vert**

Le Sentier Nature de Nébias est une invitation à redécouvrir de vraies sensations, écouter les mille bruits de la nature, sentir l'odeur de la terre, caresser l'écorce et se perdre un peu pour retrouver ses sens.

1 Emprunter l'allée de la Promenade vers l'Ouest, passer devant le café et prendre à droite le chemin du Moulin-à-Vent.

2 Au carrefour de chemins, continuer tout droit vers un ancien moulin à vent.

3 Tourner à droite sur un chemin peu marqué. Gagner le roc del Corbas, puis descendre à travers bois par le sentier abrupt pour déboucher sur une piste devant les ruines d'une tuilerie. Aller à gauche sur 100 m.

4 À l'intersection, virer à droite, dépasser un plan d'eau privé. Poursuivre sur 300 m.

5 Prendre à gauche un chemin herbeux, franchir à gué le ruisseau de la Picharelo, poursuivre sur 100 m et gagner une bifurcation.

6 S'engager sur le sentier à droite, en croiser un autre et continuer à monter tout droit vers le belvédère de Brézilhou. Redescendre jusqu'à un ruisseau naissant. Rester sur le côté gauche, puis, peu après, franchir le creux du ruisseau, virer à droite vers la ruine de la Borde de Brézilhou. Poursuivre sur le chemin qui monte pour passer un épaulement et redescendre à l'entrée d'un vallon. Atteindre un carrefour à hauteur de la ruine de la Borde de Dominique.

7 Prendre le chemin à droite. Franchir une clôture, puis bifurquer à gauche *(bien suivre le balisage car le circuit zigzague)*. Se faufiler entre les rochers sous la végétation. Déboucher sur une piste et la suivre à gauche sur 30 m.

8 Bifurquer à droite sur le sentier menant au labyrinthe.
> Pour éviter le labyrinthe, utiliser le sentier le plus à gauche *(flèches S.N.)*.

Traverser landes et pâturages. Près du village, le chemin se rétrécit, puis débouche sur le chemin de la Garenne.

2 Rejoindre à droite l'allée de la Promenade et l'emprunter à gauche vers le point de départ.

PR® 11

MOYEN

2H30 • 8KM

S SITUATION
Nébias, à 42 km au Sud-Ouest de Limoux par les D 118 et D 117

P PARKING
allée de la Promenade

DÉNIVELÉE
altitude mini et maxi, dénivelée cumulée à la montée

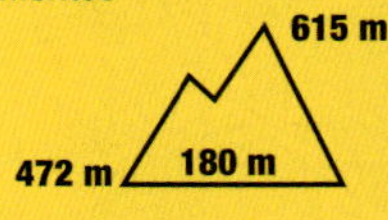

B BALISAGE
1 à 7 > jaune
7 à 2 > vert

! DIFFICULTÉS !
- forte pente entre **3** et **4**
- passage à gué entre **5** et **6**
- rochers glissants en **7**
- zone de chasse (se renseigner en mairie)

À DÉCOUVRIR...

> En chemin :
- labyrinthe
- sapin harpe
- grand lapiaz

> Dans la région :
- Puivert : château XIVe, musée du Quercorb, plan d'eau
- Chalabre : bastide remarquable, église
- Espéraza : musée des Dinosaures et musée de la Chapellerie

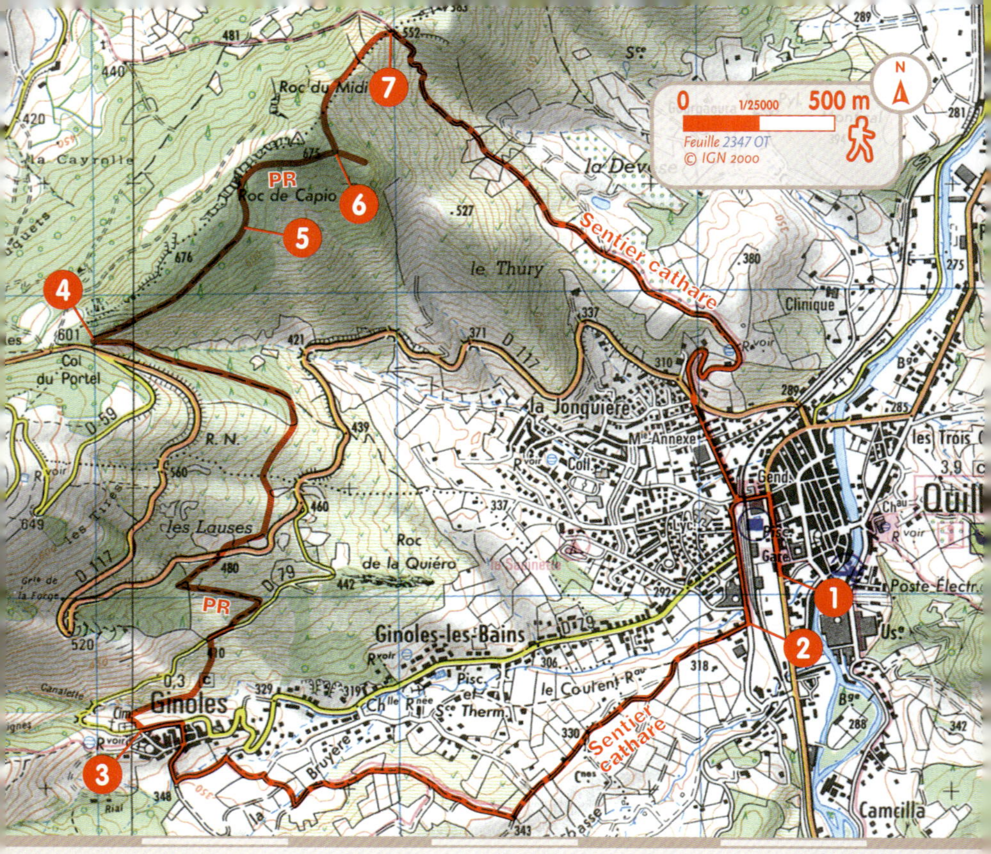

TRADITIONS

L'oliveraie de Ginoles

Le microclimat de Ginoles a permis dès l'époque romaine la culture de l'olivier, pourtant rare à une altitude de 400 m. En effet, la *Lauzo Negro* (en occitan « ardoise noire ») est bien exposée en pente au Sud, est constituée de schiste noir, un sol pauvre qui capte bien la chaleur. Les anciens ont construit des murs de soutènement appelés *restanques* et ont apporté à dos d'homme dans des *gourbeils* d'osier la terre indispensable à l'enracinement. Aujourd'hui, l'oliveraie n'est plus exploitée, mais on y trouve de nombreuses espèces méditerranéennes intéressantes : chêne kermès, térébinthe, arbousier, troène, viorne tin, genêt scorpion, romarin, jasmin, ciste crépu, thym, lavande, aphyllante de Montpellier, immortelle…

Panorama sur Quillan / photo OTI AP

Sentier des Oliviers et Roc de Capio

Enivrez-vous de senteurs très méditerranéennes dans l'oliveraie de Ginoles et découvrez les capitelles qui abritaient autrefois les bergers. Les belvédères du Roc du Midi et du Roc de Capio s'ouvrent sur le plateau de Nébias-Puivert et le cirque de Quillan.

OLIVES / DESSIN N.L.

1 De la gare, suivre le boulevard. Au carrefour, tourner à gauche, traverser la voie ferrée et prendre à gauche l'avenue Baptiste-Marcet.

2 Emprunter le chemin de Castillou à droite. Il mène sur le plateau et dépasse un ranch. Prendre la piste plus large à droite jusqu'à Ginoles. Traverser tout droit (nord) le village, puis tourner à gauche.

3 Avant le cimetière, descendre, traverser le terrain de jeux et monter par le petit sentier jusqu'à l'oliveraie *(ancienne route Vauban)*. Emprunter la D 79 à droite sur 50 m, reprendre le sentier à gauche, couper la D 117 *(prudence)* et longer le pré à droite sur 50 m. Gravir le sentier à gauche jusqu'au col du Portel.

4 Traverser le parking, emprunter l'escalier et monter par le sentier à droite sur 1 km jusqu'à une intersection.

5 Bifurquer à gauche, passer l'abreuvoir et la capitelle avant de rejoindre le belvédère du Roc du Midi *(point de vue sur Brenac et le plateau Nébias-Puivert)*. Continuer le sentier vers l'est jusqu'à une intersection.

6 Continuer tout droit jusqu'à un embranchement, prendre le sentier à droite jusqu'au belvédère du Roc de Capio *(vue sur Quillan, ses « trois quilles », la vallée de l'Aude et, plus loin, sur le pic de Bugarach)*, puis revenir sur ses pas jusqu'à l'intersection.

6 Prendre le sentier à droite. Il descend au col de Brenac.

7 Descendre par le chemin à droite, couper la D 117 *(prudence)*, descendre l'avenue du Col du Portel, tourner à gauche pour traverser la voie ferrée et revenir à la gare.

PR® 12

MOYEN

3H20 • 11KM

S SITUATION
Quillan, à 27 km au sud de Limoux par la D 118

P PARKING
gare

/ DÉNIVELÉE
altitude mini et maxi, dénivelée cumulée à la montée

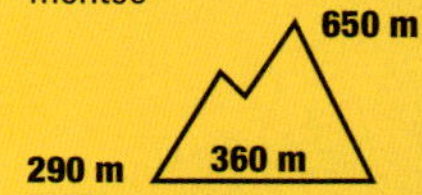

B BALISAGE
1 à 3 > orange-bleu
3 à 7 > jaune
7 à 1 > orange-bleu

! DIFFICULTÉS !
- traversée de la D 117
- descente glissante par temps humide entre **6** et **7**
- zone de chasse (se renseigner à la mairie)

À DÉCOUVRIR...

> En chemin :
- oliveraie de Ginoles ; capitelle et abreuvoir
- point de vue sur le cirque de Quillan

> Dans la région :
- Quillan : château XIVe
- Puivert : château XIVe et musée du Quercorb
- Arques : château XIVe et maison Déodat Roché
- Puilaurens : château XIIIe

GÉOLOGIE

LES GORGES DE LA PIERRE-LYS

Creusées dans le calcaire pendant des millénaires, ces gorges offrent des parois de plus de 200 m de haut, très appréciées des amateurs de grimpe. À leurs pieds coulent les eaux torrentielles de l'Aude, un must pour la pratique des sports d'eau vive. Les gorges de la Pierre-Lys ont longtemps été infranchissables et le petit village de Saint-Martin-Lys, en amont des gorges, n'était accessible que par un sentier muletier à travers les montagnes. Félix Armand, nommé curé du village en 1774, commence avec la seule aide des paroissiens à creuser un sentier dans la roche (le « Trou du Curé ») pour désenclaver son village et par là-même toute la haute vallée de l'Aude. Il lui faudra une quarantaine d'années pour achever son œuvre.

PIERRE-LYS / PHOTO OTI AP

Le **belvédère** du **Diable**

Marchez dans une remarquable alternance de végétation méditerranéenne et montagnarde. Le belvédère du Diable permet d'admirer dans toute leur splendeur les gorges de la Pierre-Lys et en particulier les Murailles du Diable.

VAUTOUR PERCNOPTÈRE / DESSIN P.R.

1 De l'église, prendre le chemin goudronné de la Loubatière qui monte vers le sud. Au croisement, continuer tout droit dans la rue de la Saradeille sur 20 m.

2 Suivre la rue à gauche sur 10 m, puis monter par le chemin à droite. Il zigzague sur 1 km et atteint un croisement.

3 Emprunter le chemin de gauche pour rejoindre le belvédère du Diable *(vue sur les gorges de la Pierre-Lys)*, puis revenir sur ses pas jusqu'au croisement.

3 Monter par le chemin à gauche. Il s'élève en larges lacets jusqu'à une intersection.

4 Prendre à droite le chemin qui s'élargit et traverse la pente boisée à flanc. Descendre par la piste forestière de Carach sur 200 m.

5 Quitter la piste forestière et descendre par le chemin à droite en direction de Belvianes. Après 1 km, le chemin s'élargit. Poursuivre encore sur 1 km avant d'arriver dans une épingle.

6 Quitter le chemin pour prendre tout droit le petit sentier qui ramène dans la rue de la Saradeille.

2 Rejoindre le parking.

BELVÉDÈRE DU DIABLE / PHOTO OTI AP

PR® 13

FACILE

3H • 8KM

S SITUATION
Belvianes, à 6 km au sud de Quillan par la D 117 (à Quillan)

P PARKING
église, en haut du village

/ DÉNIVELÉE
altitude mini et maxi, dénivelée cumulée à la montée

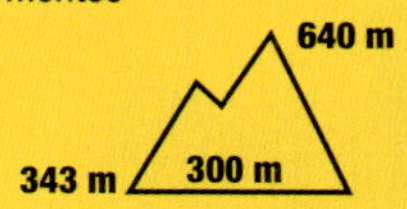

B BALISAGE
jaune

! DIFFICULTÉS !
- chemin boueux par temps humide entre **4** et **5**
- zone de chasse (se renseigner à la mairie)
- montée raide entre **3** et **4**

À DÉCOUVRIR...

> En chemin :
- vue sur les gorges de la Pierre-Lys
- points de vue sur le pic de Bugarach et les éoliennes du pic de Brau

> Dans la région :
- Quillan : château XIVe
- Puivert : château XIVe et musée du Quercorb
- Arques : château XIVe et maison Déodat Roché
- Puilaurens : château XIIIe

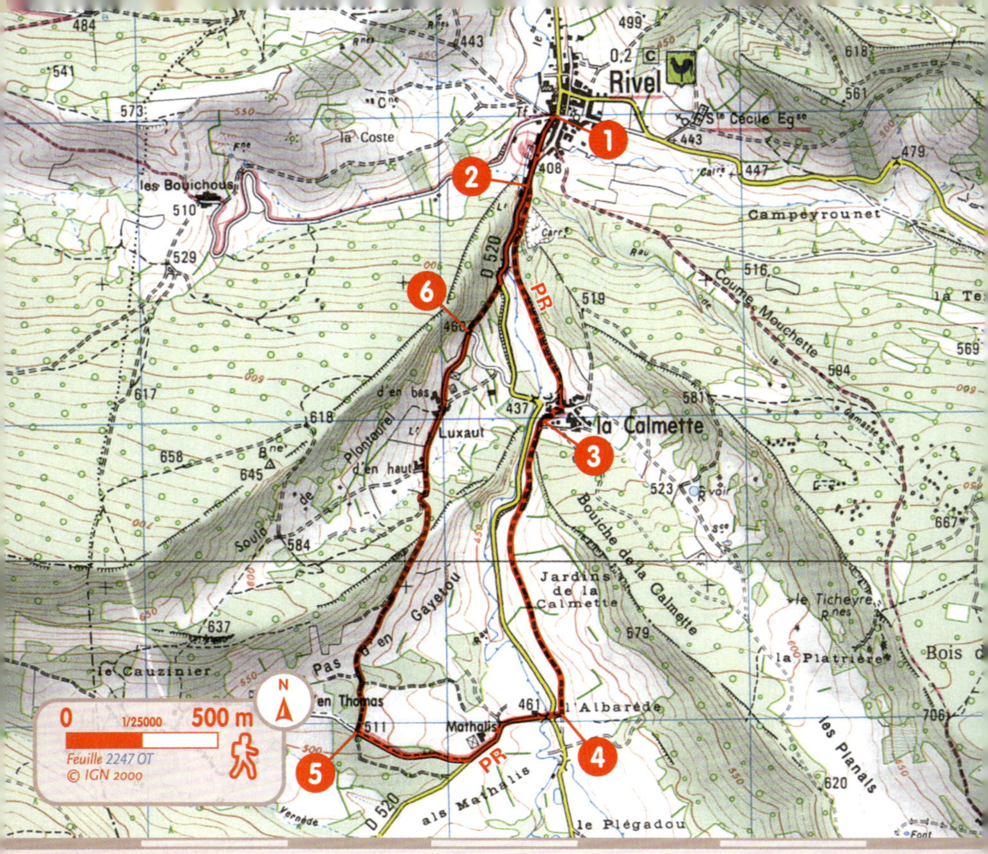

TRADITIONS

DES MÉTIERS ET DES HOMMES

Les habitants de Rivel étaient spécialisés dans la fabrication de cloches en bronze et en fer pour le bétail et de comportes pour les vignerons des plaines. Rivel était aussi un village d'artisans : tisserands, tricoteuses, fabricants de peignes en bois ou en corne, tous regroupés dans le bourg, les cultivateurs habitant eux les hameaux.

À Sainte-Colombe-sur-l'Hers, terre et eau ont facilité le développement de l'agriculture et la croissance d'un village bientôt dénommé « Sainte-Colombe la Riche », avant d'être rebaptisé du nom de la rivière qui le borde.

LAVOIR DE RIVEL / PHOTO OTI QUERCORB

L'Hers a permis d'alimenter en eau les ateliers artisanaux ou industriels. Le village a prospéré au cours des XVIIIe et XIXe siècles grâce à la production de peignes en bois et en corne, diversifiant progressivement son activité en direction du textile. Depuis 1982, l'Hers alimente le lac de Montbel (585 ha).

Au **fil** de l'**eau**

Cette balade autour du Riveillou rappelle ses utilisations et multiplie les ambiances : ancien chemin, prairie, forêts, petit patrimoine des hameaux et fond de vallée rafraîchissant.

1 De la place du Monument aux Morts, emprunter la D 520 en direction de Bélesta jusqu'à l'ancien lavoir.

2 Emprunter à gauche le sentier vers le hameau de La Calmette en laissant le chemin qui monte à la carrière. L'itinéraire ombragé domine le cours du Riveillou *(ancienne voie d'accès au hameau ; un tronçon empierré témoigne de son usage par les charrettes).* Traverser le hameau de La Calmette et ses granges. Sur la place, prendre la route à droite et longer plusieurs habitations accolées jusqu'au virage en épingle.

3 Tourner à droite, passer entre les rochers et continuer tout droit le long des prés *(appelés « jardins de la Calmette » ; en face, le paysage s'ouvre sur les bois de Pechtignous et la forêt de Bélesta).*

4 Gagner à droite le carrefour et poursuivre par la D 520 en direction de la borde des Mathalis. Dépasser les figuiers et la ferme, puis emprunter la piste à droite en direction de la Métairie d'en Thomas, au pied des grands pins, sur 200 m.

5 S'engager sur le chemin à droite. Il passe au pied du massif du Plantaurel, traverse le Pas d'en Gayetou *(points de vue)*, change de versant et dessert les hameaux de Luxau. Poursuivre par la route qui descend jusqu'au lacet.
> Les cavaliers devront continuer par la route.

6 Dans le lacet, continuer tout droit sur la sente en sous-bois. Franchir le portillon pour emprunter la D 520 à gauche. Elle franchit le Riveillou, puis longe la rivière.

2 Continuer jusqu'au village.

Chapelle Sainte-Cécile / photo OTI Quercorb

PR® 14

TRÈS FACILE

2H • 5,5KM

S SITUATION
Rivel, à 5 km au sud de Chalabre par les D 620 (direction Lavelanet) et D 520

P PARKING
halle

/ DÉNIVELÉE
altitude mini et maxi, dénivelée cumulée à la montée

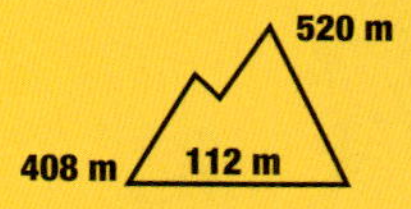

B BALISAGE
jaune

! DIFFICULTÉS !
zone de chasse (se renseigner en mairie)

E CHEMIN ÉQUESTRE

À DÉCOUVRIR...

> En chemin :
- Rivel : chapelle Sainte-Cécile XIIe
- lavoir
- granges des hameaux
- point de vue

> Dans la région :
- Chalabre : bastide remarquable, église
- Puivert : château XIIe, musée du Quercorb

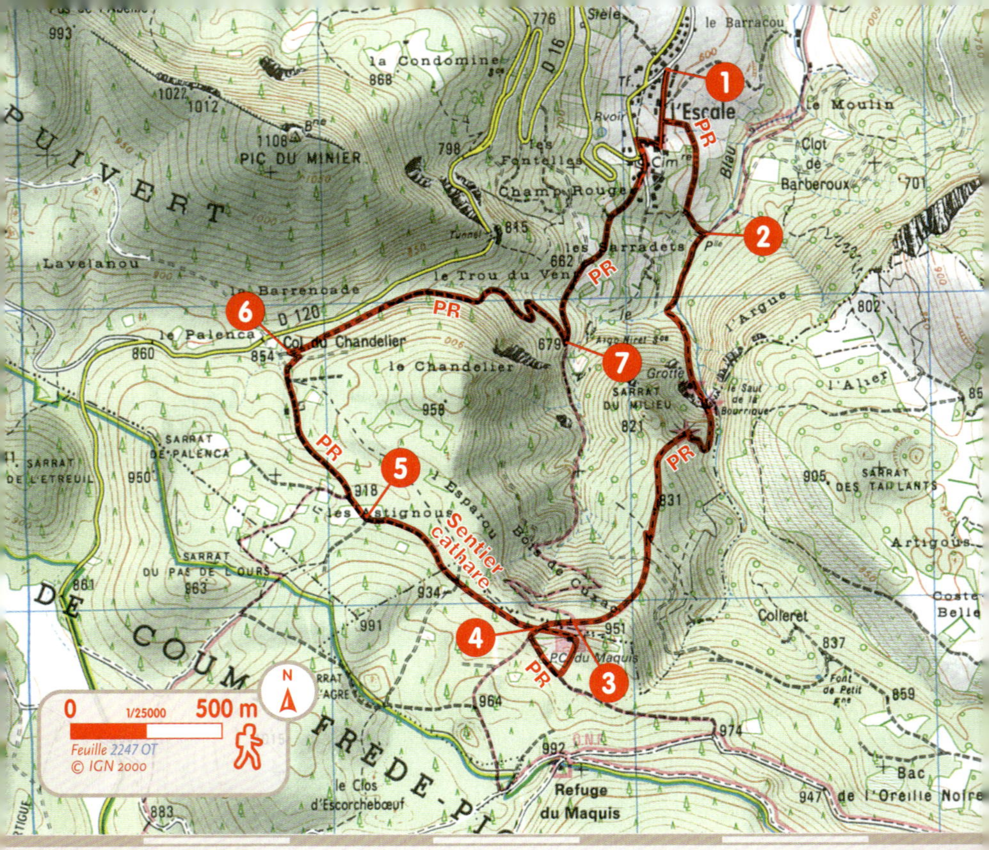

HISTOIRE

Le maquis de Picaussel

En mars 1943, l'armée allemande a mis en place un dispositif englobant la région. Le premier noyau de résistants locaux naît en ce printemps à la suite d'une erreur de parachutage. Le Maquis s'organise rapidement et passe de quatre hommes en avril 1944 à trois cent quatre-vingts à l'été, groupés en unités réparties sur 4 km². Le 6 juin, les maquisards attaquent au col de la Babourade, entre Ariège et Aude, pour prendre le contrôle du secteur. Du 6 au 9 août 1944, les Résistants sont encerclés par les Allemands qui brûlent le village de Lescale mais les hommes de Picaussel, connaissant bien le terrain, ont déjà rejoint le maquis de Quérigut pour continuer la lutte contre l'occupant.

D'après « La mémoire de Picaussel » par les élèves du collège de Chalabre

PC du maquis / photo OTI Quercorb

Le **Maquis** de **Picaussel**

PR® 15

MOYEN

2H30 • 5,5KM

À travers la forêt de Picaussel qui domine la plaine de Puivert, partez sur les traces et le souvenir des résistants. La grotte et l'ancien poste de commandement du maquis, devenu mémorial, retracent cet épisode. Un itinéraire équipé, ombragé où l'on apprend l'histoire locale tout en découvrant l'étagement des espèces végétales.

1 De la place de la Libération, suivre à gauche la rue des Martyrs sur 150 m. Au niveau des panneaux d'information, descendre par le chemin herbeux et franchir la passerelle sur le Blau.

2 Prendre le sentier historique à droite. Il franchit un ruisseau naissant, vire à gauche, remonte la rive du talweg *(rambardes de sécurité : terrain glissant ; voir les différentes essences d'arbre)*, et atteint la grotte du Maquis, située en retrait du sentier *(où s'abrita le premier groupe de maquisards)*. Continuer l'ascension en lacets raides jusqu'au saut de la Bourrique puis au Sarrat du Milieu *(belvédère sur le plateau de Puivert, ses « camps » et son château)*. Plus haut, croiser une piste, gravir en face le chemin très raide dans la sapinière et arriver à une intersection.

3 Poursuivre, accéder à une plate-forme et à un carrefour de chemins.

4 Prendre à gauche le chemin forestier conduisant à l'ancien P.C. du maquis transformé en mémorial *(ouvert au public, reconstruit en 1993-1994 à l'initiative des anciens du maquis ; il se situait près de la zone de largage, dans un site occupé par les bergers et les bûcherons ; panneaux d'information historique et naturaliste ; ne pas oublier de refermer la porte)*. Descendre le chemin jusqu'au fond de la clairière, dépasser les blocs et, au croisement, obliquer à droite pour retrouver le carrefour de chemins.

4 Emprunter le chemin à gauche jusqu'au carrefour des Astignous.

5 Dépasser la cabane dans la clairière de la sapinière *(utilisée par les maquisards)* et parvenir au col du Chandelier.

6 Descendre par le chemin à droite, d'abord parallèlement à la D 120 puis en lacets et arriver dans un vallon.

7 Continuer la descente à gauche et rejoindre le hameau de Lescale.

Maquis de Lescale / photo OTI Quercorb

S SITUATION
hameau de Lescale (commune de Puivert), à 18 km à l'ouest de Quillan par les D 117 et D 16 (à Puivert)

P PARKING
place de la Libération

/ DÉNIVELÉE
altitude mini et maxi, dénivelée cumulée à la montée

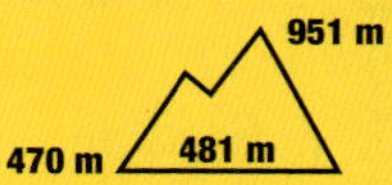

B BALISAGE
1 à 4 > jaune
4 à 5 > jaune et bleu
5 à 1 > jaune

! DIFFICULTÉS !
• passage escarpé (protégé) pouvant être glissant entre **2** et **3**
• risque de chutes de pierres entre **2** et **3**

À DÉCOUVRIR...

> En chemin :
• grotte du Maquis
• point de vue sur le château de Puivert
• mémorial et PC du Maquis
• forêt de Picaussel
• cabane du maquis (interprétation)

> Dans la région :
• Puivert : château XIIe, musée du Quercorb
• Chalabre : bastide remarquable, église

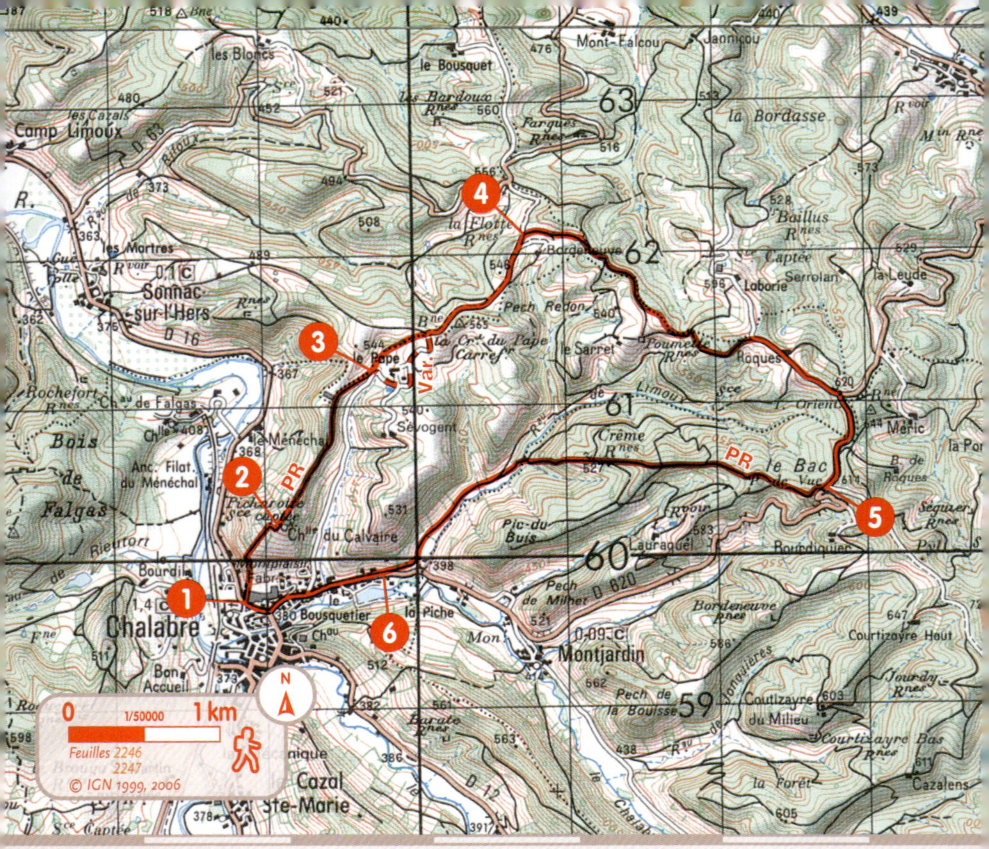

HISTOIRE

« Chalabre, au cœur de la Terre Privilégiée »

Le Quercorb devient « Terre Privilégiée » au XIIIe siècle, lorsqu'il est exempté d'impôts en échange de la surveillance des frontières de Foix et d'Aragon. La crue du Blau de 1289 rase la ville et l'ancienne bastide fortifiée ne reprend forme qu'au XIVe siècle, s'articulant en quatre cours autour de la halle aux grains. Un itinéraire historique parcourt ses rues et la colline du Calvaire donne une large vue du site. Le château de Chalabre revit désormais en parc de loisirs historique et l'ancienne voie-ferrée (fermée en 1973) reliant Mirepoix à Lavelanet traverse Chalabre. Elle est ouverte sur 36 km aux randonneurs, cyclistes et cavaliers (Voie Verte des Pyrénées Cathares - le Chemin des Filatiers).

Chalabre / photo OTI Quercorb

Les **Hauts** de **Chalabre**

Une chapelle romane qui domine la bastide de Chalabre, un panorama grandiose au pied des Pyrénées, la découverte des activités agricoles, de la faune et de la flore... Voilà un bon aperçu de la région.

HÊTRE / DESSIN N.L.

1 Monter en face du monument aux morts et passer devant l'atelier de menuiserie en contournant l'usine par la gauche. Le chemin de croix s'élève, bordé de massifs de laurier et de thym, puis arrive sur le promontoire *(genêts)* dont l'entrée est marquée par deux croix et atteint la chapelle du Calvaire *(bancs ; point de vue sur Chalabre et les monts d'Olmes en toile de fond)*.

2 Poursuivre vers le hameau du Pape. La piste longe la crête *(vergers de Sonnac-sur-l'Hers au nord et piémont pyrénéen au sud ; autour s'étendent des prairies où paissent des vaches)* et débouche sur une route.
> Possibilité de prendre la route à droite pour regagner Chalabre par le sentier d'interprétation.

3 Continuer tout droit par le chemin puis, à la croix du Pape, par la piste qui reste en crête orientée nord-est, jusqu'à un embranchement de pistes.

4 Suivre la piste en direction du col du Bac. Avant la ferme du Sarret, tourner à gauche pour traverser le bois du Sarret. Continuer par la route d'accès à Laborie, passer Roques puis la table d'orientation. Emprunter la D 620 à droite sur 500 m *(prudence)* et laisser le parking à droite.

5 Monter par le chemin à droite. Il demeure sur la crête boisée, dépasse les ruines d'En-Crème et descend dans les taillis de chêne. Franchir le ruisseau de Limoux, puis emprunter la piste à gauche le long du vallon et arriver au niveau du lac.

6 Poursuivre par la D 620 à droite pour retrouver le point de départ.

HAUTS DE CHALABRE / PHOTO OTI QUERCORB

PR® 16

FACILE

3H • 11KM

S SITUATION
Chalabre, à 16 km au sud-ouest de Limoux par la D 620

P PARKING
monument aux morts (au rond-point de la poste, direction Sonnac-sur-l'Hers) près de l'église Saint-Pierre

DÉNIVELÉE
altitude mini et maxi, dénivelée cumulée à la montée

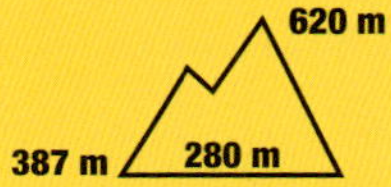

B BALISAGE
jaune

! DIFFICULTÉS !
forte montée entre **1** et **2**

E CHEMIN ÉQUESTRE

À DÉCOUVRIR...

> En chemin :
- chapelle du Calvaire
- table d'orientation (point de vue sur les Pyrénées ariégeoises)
- lac de Chalabre

> Dans la région :
- Chalabre : bastide remarquable, église
- lac de Montbel
- Puivert : château XIIe, musée du Quercorb
- château de Montségur

MILIEU NATUREL

ARBRES ET FORÊTS

Nul n'aura besoin de forcer son imagination, dans les bois de Caudeval, pour comprendre que le paysage qu'il parcourt a été le décor de bien des vies. Déjà, Wisigoths et Francs se guettaient depuis leurs fortifications de part et d'autre du Val d'Ambronne. Les bois étaient alors impénétrables. On dit même que, pendant longtemps, il fut impossible d'aller à Limoux autrement qu'en marchant…

De Caudeval à Monthaut, puis Corbières, les comtes de Chalabre aimaient faire à pied le tour de leur domaine. Il est possible que plusieurs arbres, notamment les chênes, le tilleul de la Crémade et l'ormeau de Gueytes, qui n'a pas survécu à la récente épidémie, aient été plantés là du temps où Sully s'intéressait à l'agriculture du pays.

CAUDEVAL / PHOTO OTI QUERCORB

Chemin de Labade

PR® 17

TRÈS FACILE

1H30 • 4KM

Cette promenade domine le val d'Ambronne et l'ancienne bastide de Caudeval. Du point haut, le regard embrasse le Quercorb, le Razès et plus loin la Montagne Noire et les Pyrénées.

1 Prendre la rue du Cimetière qui longe l'église puis le cimetière.

2 Bifurquer à droite dans la rue du Parc. Atteindre une fontaine dans un virage et continuer sur 100 m par la petite route bordée de chênes centenaires.

3 Monter à gauche par le chemin entre les haies. Il gravit la colline. Suivre la ligne de faîte, franchir les clôtures et, dans un coude, laisser le chemin à gauche *(vue sur le val d'Ambronne et la juxtaposition des parcelles cultivées en fourrages et céréales, les landes et les bois)*. Atteindre le point culminant (531 m), marqué au sol par une borne géodésique *(point de vue circulaire des Pyrénées à la Montagne Noire)*.

4 Poursuivre par le chemin en crête, puis descendre jusqu'à un embranchement en épingle à cheveux.

5 Prendre à gauche le large chemin qui descend à flanc de coteau *(vue sur le village ; ânes et chèvres paissent souvent dans les prés alentour)*. Par la rue Haute à gauche, regagner le cimetière.

2 Rejoindre le parking.

S SITUATION
Caudeval, à 20 km à l'ouest de Limoux par les D 620 et D 626

P PARKING
château

/ DÉNIVELÉE
altitude mini et maxi, dénivelée cumulée à la montée

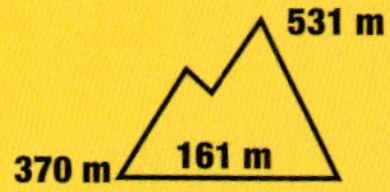

B BALISAGE
jaune

CHÂTEAU DE CAUDEVAL / PHOTO P.D./CDT 11

À DÉCOUVRIR...

> En chemin :
- Caudeval : ancienne bastide (village médiéval à plan régulier), château
- allées de chênes centenaires
- point de vue

> Dans la région :
- Mirepoix : bastide médiévale, couverts, maison des Consuls, cathédrale
- Chalabre : bastide remarquable, église
- Limoux : centre historique, carnaval, musées

GÉOLOGIE

La montagne inversée

Le pic de Bugarach est un témoignage de la poussée des Pyrénées qui a bouleversé la région à l'ère tertiaire. Sous la pression venue du sud, bloquées entre la plaque ibérique et le socle européen, les roches sédimentaires se plissent, se cassent et se chevauchent : une lame de calcaire jurassique (- 135 millions d'années) vient se poser sur les grès et les marnes du Crétacé (- 75 millions d'années). L'ordre des couches géologiques ou strates est ainsi inversé ! Ce massif calcaire, par ses formes anguleuses et cassées, offre un aspect imposant incitant à la rêverie. Le pic de Bugarach, anciennement Pech de Tauzé, domine les Corbières avec ses 1 231 mètres. Par temps clair, un panorama à 360 ° permet de découvrir le golfe du Lion, la chaîne des Pyrénées, la plaine lauragaise et les premiers contreforts du massif Central.

Pic et village de Bugarach / photo J.-L.S.

Le pic de Bugarach

PR® 18

MOYEN

3H30 • 7KM

Point culminant du massif des Corbières (1 231 m), ce belvédère insolite s'impose par son élégance et offre de multiples aspects : vue panoramique, escarpements rocheux, paysages variés, flore diversifiée, singularité géologique et climatique, tout y est !

BUIS / DESSIN N.L.

1 Du parking, monter par la piste barrée d'une chaîne en face et délaisser toutes les voies latérales. Au carrefour, monter à droite, longer la clôture sur 150 m, grimper par le sentier à gauche, puis virer à droite dans la forêt. Le chemin redescend, toujours le long d'une clôture.

2 Au terme de la descente, le sentier quitte la clôture pour monter brusquement à gauche à travers les arbres. Laisser un départ à droite et continuer par le chemin qui grimpe raide, en négligeant les sentiers latéraux. Arriver à découvert.
> À droite, accès facultatif à la Pique Grosse (20 min aller-retour, non balisé).

3 Continuer l'ascension du col, puis grimper vers le pic par le sentier de crête (prudence : risque de vent violent et de brouillard) et déboucher au sommet du pic de Bugarach (1 230 m ; point de vue circulaire).

4 La descente s'effectue par le même itinéraire (la descente par la voie de la Fenêtre est déconseillée).
> Au départ du village, 2 autres itinéraires permettent de découvrir le massif : le pic par le chemin des Caunes (15 km, 7 h), le pic par la voie de la Fenêtre (15 km, 6 h 30).

BUGARACH / PHOTO J.-L.S.-J.

S SITUATION
Bugarach, à 32 km au sud-est de Limoux par les D 118, D 613 et D 14

P PARKING
col de Linas

/ DÉNIVELÉE
altitude mini et maxi, dénivelée cumulée à la montée

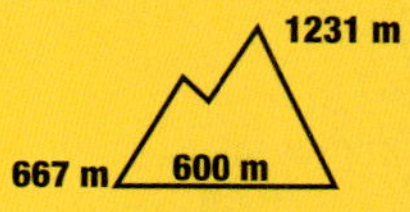

B BALISAGE
jaune

! DIFFICULTÉS !
- zone de chasse (se renseigner en mairie)
- fortes pentes et escarpements rocheux
- zone de vent violent et de brouillard
- la descente par la voie de la fenêtre est déconseillée

À DÉCOUVRIR...

> En chemin :
- taillis de buis et hêtraie
- panorama à 360°

> Dans la région :
- Cubières-sur-Cinoble : gorges de Galamus
- Duilhac : château de Peyrepertuse XIIIe
- Arques : château XIIIe et maison Déodat Roché
- Espéraza : musée des Dinosaures et musée de la Chapellerie
- Rennes-les-Bains : thermalisme et remise en forme, thermoludisme
- Sougraigne : fontaine salée et anciens fours verriers

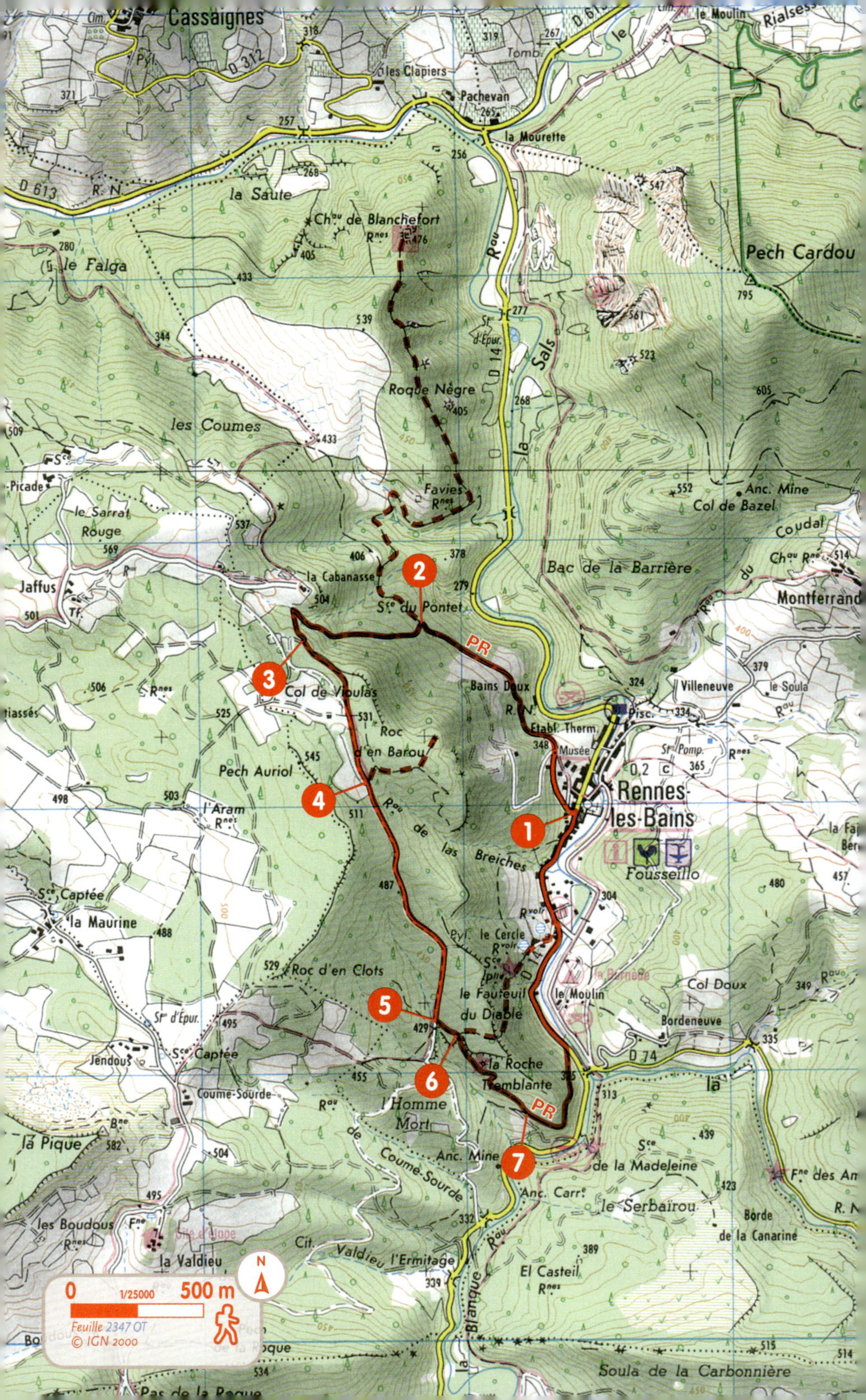
Cassaignes
les Clapiers
Pachevan
la Mourette
le Moulin
la Saute
Ch.au de Blanchefort
Rnes
le Falga
Pech Cardou
Roque Nègre
les Coumes
Favies
Rnes
-Picade
le Sarrat
Rouge
Jaffus
la Cabanasse
Sce du Pontet
Bac de la Barrière
Anc. Mine
Col de Bazel
Coudal
Montferrand
PR
Bains Doux
Etabl. Therm.
Musée
Villeneuve
le Soula
Col de Voulas
Roc
d'en Barou
Pech Auriol
Rennes-
les-Bains
Fousseillo
l'Aram
Rau de las Breiches
Sce Captée
la Maurine
le Cercle
Roc d'en Clots
le Fauteuil
du Diable
le Moulin
Col Doux
Bordeneuve
Jendous
Sce Captée
Coume-Sourde
la Roche
Tremblante
l'Homme
Mort
Anc. Mine
Sce
de la Madeleine
le Serbaïrou
Borde
de la Canarine
la Pique
les Boudous
la Valdieu
Valdieu l'Ermitage
El Casteil
Soula de la Carbonnière
1
2
3
4
5
6
7
0
1/25000
500 m
N
Feuille 2347 OT
© IGN 2000

La **Roche Tremblante**

À travers d'anciennes carrières de grès, certaines d'origine romaine, ce circuit ombragé invite à s'imprégner des paysages étranges et beaux du Haut-Razès.

CHÂTAIGNES / DESSIN P.R.

1 Dos à la mairie, grimper par une rue qui vire à droite au-dessus du parking. En haut, dans le lacet, emprunter un chemin sur 850 m. Ignorer les départs latéraux, puis atteindre une bifurcation.

> à droite, chemin d'accès *(accidenté, prudence !)* au site très ruiné de Blanchefort *(1 h aller-retour).*

2 Partir à gauche en montée vers La Cabanasse. Gagner une clôture devant les prés de la ferme et suivre la piste à gauche sur 80 m.

3 Dans un lacet à droite, s'engager sur le sentier qui part à gauche dans la forêt sur 30 m. Bifurquer sur un autre sentier à gauche qui franchit un petit ruisseau, longe une barre rocheuse, puis vire à droite et débouche sur une large piste. L'emprunter à gauche sur quelques mètres, puis utiliser à gauche un sentier qui chemine dans les bruyères jusqu'à son intersection avec un chemin plus large.

> À gauche, le chemin mène au roc d'En Barrou *(20 min aller-retour).*

4 Le prendre à droite sur 30 m, puis emprunter la large piste à gauche. Continuer tout droit *(vue sur le pic de Bugarach et le château du Bézu).* Laisser à gauche l'accès au relais de télévision, poursuivre sur 250 m et arriver à une intersection.

5 S'engager à gauche sur le chemin qui entre dans la forêt sur 30 m et gagner un carrefour près d'un rucher.

> À gauche, retour à Rennes par le Fauteuil du Diable, la source ferrugineuse et le hameau du Cercle *(20 min).*

6 Tourner à droite *(80 m après, à gauche, chaos rocheux de la Roche Tremblante).* Le chemin descend en lacets et passe devant une ancienne source au milieu d'un ensemble de murettes.

7 Peu après, dans un virage à droite, descendre par le sentier à gauche, puis emprunter la D 14 à gauche pour retrouver Rennes-les-Bains.

PR® 19

FACILE

2H • 5,5KM

S SITUATION
Rennes-les-Bains, à 23 km au sud-est de Limoux par les D 118, D 613 et D 14

P PARKING
mairie

DÉNIVELÉE
altitude mini et maxi, dénivelée cumulée à la montée

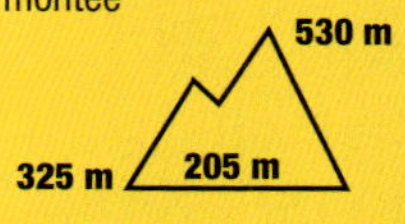

B BALISAGE
jaune

! DIFFICULTÉS !
• ne pas s'engager sur le chemin d'accès au site de Blanchefort (hors circuit en tirets) avec des enfants : dangereux par endroits • zone de chasse (se renseigner en mairie) ruches entre **5** et **6**

À DÉCOUVRIR...

> En chemin :
• site de Blanchefort • roc d'En Barrou • vue sur le pic de Bugarach et le château du Bézu • chaos rocheux de la Roche Tremblante • Fauteuil du Diable • source ferrugineuse du Cercle

> Dans la région :
• Rennes-le-Château : visite commentée du domaine de l'Abbé Saunière et tour Magdala • Alet-les-Bains : ancienne abbaye et vieux village • Arques : château XIIIe et maison Déodat Roché • Espéraza : musée des Dinosaures et musée de la Chapellerie

HISTOIRE

La station thermale de Rennes-les-Bains

Rennes-les-Bains, coquette station thermale, est blottie au cœur d'une verdoyante vallée dominée par les pics de Bugarach (1 231 m) et du Cardou (795 m). Elle est traversée par la Sals, rivière salée tout au long de laquelle jaillissent des sources dont les bienfaits furent connus dès l'Antiquité. Il y a deux mille ans, le lieu semblait être une des agglomérations les plus importantes du Haut-Razès comme en témoignent les nombreuses découvertes archéologiques et le vaste ensemble de carrières romaines qui entoure le village.

Suite aux dramatiques inondations de 1992, de superbes thermes antiques furent mis au jour. Les sources, au nombre de cinq, produisent une eau dont la température varie de 34 °C à 44 °C. Leurs vertus sont réputées en rhumatologie et traitement des traumatismes ostéo-articulaires. L'accueillante station, outre de magnifiques balades et de nombreuses activités sportives, propose une piscine extérieure d'eau thermale chaude et un centre de remise en forme très attractifs.

RENNES-LES-BAINS / PHOTO P.D./CDT 11

MILIEU NATUREL

DE LA VÉGÉTATION MÉDITERRANÉENNE À LA FORÊT PYRÉNÉENNE

Ce site a été aménagé en pépinière par le Conservateur des Eaux et Forêts, Théodore Rousseau, à la fin du XIXe siècle. Le reboisement du massif était alors indispensable pour régulariser le débit des cours d'eau et assurer la restauration des sols. En 1933, la pépinière est transformée en arboretum. Lieu de détente et de pique-nique, l'arboretum du Planel permet de découvrir de nombreuses espèces qui témoignent de l'ouvrage passé (cèdre de l'Atlas, sapin Pinsapo, pin noir, pin sylvestre, pin laricio, chêne rouge d'Amérique, séquoïa wellingtonia, tulipier de Virginie, ginkgo biloba).

Sur le chemin du retour, le sentier botanique qui répertorie une grande diversité d'essences, évoque le passage de la forêt pyrénéenne à la végétation méditerranéenne de maquis.

FORÊT D'ARQUES / PHOTO J.-C.C./CDT 11

L'Arboretum du Planel à Arques

PR® 20

FACILE

2H30 • 7,5KM

S SITUATION
Arques, à 28 km au sud-est par Limoux par les D 118 et D 613

P PARKING
place de la Mairie

/ DÉNIVELÉE
altitude mini et maxi, dénivelée cumulée à la montée

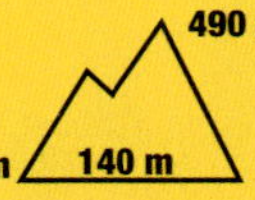

B BALISAGE
disque noir

CÈDRE DE L'ATLAS / DESSIN N.L.

Ce site remarquable et pédagogique permet la découverte en famille de nombreuses essences d'arbres rares au travers de la forêt.

1 De la place de la Mairie, prendre la route en direction de Narbonne sur 250 m, puis s'engager sur le chemin goudronné du Lac à droite. À la sortie du lacet, s'engager sur le chemin à gauche et, après 150 m, bifurquer à gauche. 250 m plus loin, arriver à un embranchement.

2 Rester sur le chemin à gauche. Il traverse un paysage aride de marnes rouges.

3 Emprunter la piste forestière à droite jusqu'au col de Périlhou.

4 Prendre la piste à droite. Elle longe de jeunes plantations et mène à l'arboretum.

5 Derrière le refuge, descendre par le chemin rocailleux, franchir le ruisseau du Lait *(l'eau chargée d'alluvions paraît blanche)* et continuer à travers le lieu-dit des Homps jusqu'à la bifurcation de l'aller.

2 Par l'itinéraire utilisé à l'aller, rejoindre le village.

À DÉCOUVRIR...

> En chemin :
- marnes rouges
- essences d'arbres diverses
- ruisseau du Lait

> Dans la région :
- Arques : château XIIIe et maison Déodat Roché
- Alet-les-Bains : ancienne abbaye et vieux village
- Espéraza : musée des Dinosaures et musée de la Chapellerie
- Rennes-le-Château : visite commentée du domaine de l'Abbé Saunière et tour Magdala
- Rennes-les-Bains : thermalisme et remise en forme, thermoludisme

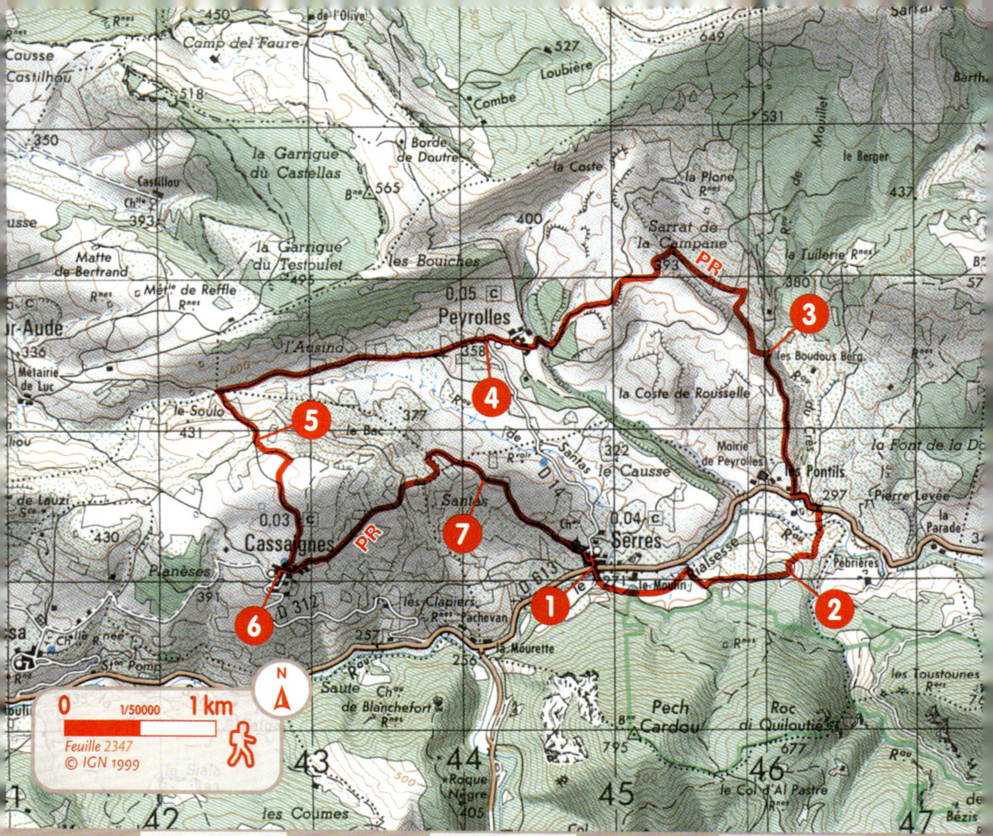

GÉOLOGIE

MARNES ROUGES

Une grande diversité de paysages caractérise ce sentier : rivières, forêts, points de vue, vignobles, ponts, marnes rouges, château de Serres. Les marnes rouges sont des sédiments mélangés à des oxydes de fer. Elles se sont formées au passage du Crétacé (fin Secondaire) au Tertiaire (- 65 millions d'années) dans des marais et sous un climat tropical soumis à une érosion atmosphérique prolongée et à un lessivage des eaux de pluie. C'est dans ce type de marnes que nous trouvons les œufs de dinosaures et de nombreux autres fossiles.

Le château de Serres, ancienne maison forte, propriété de la famille de Joyeuse au XVIe siècle, a été restauré par M. et Mme Deschamps et possède aujourd'hui un théâtre de plein air.

TERRES ROUGES / PHOTO J.-C.C./CDT 11

Sentier des **Terres Rouges**

Découvrez des paysages très variés avec cette randonnée qui traverse entre autres d'étonnantes terres rouges très érodées qui forment une succession de petits canyons aux décors de western.

1 Franchir le pont sur le Rialsesse, tourner à gauche et longer la rivière sur 700 m. Prendre à droite le chemin qui se dirige vers la forêt et traverser la plate-forme par son milieu en obliquant légèrement à gauche avant de continuer par le sentier en sous-bois. Atteindre un mamelon *(vue sur les hameaux de Pébrières à droite et des Pontils à gauche)*.

2 Descendre à gauche *(bien suivre le balisage ; terrain glissant au départ)*, franchir la rivière sur les plots, puis emprunter la D 613 à gauche sur 200 m. Au hameau des Pontils, prendre la piste à droite et continuer tout droit sur 1 km.

3 S'engager sur le chemin à gauche et monter à droite. Le sentier contourne le cirque des Terres Rouges. Descendre par la piste qui mène à Peyrolles. À l'entrée du hameau, rester à gauche, passer devant l'église et poursuivre par la D 14.

4 Dans le virage, continuer tout droit par le chemin sur 2 km puis, au carrefour, prendre la piste à gauche sur 600 m.

5 S'engager sur le chemin à gauche. Il s'élève en pente raide, franchit la ligne de crête *(vue sur le pic de Bugarach)*, puis descend à Cassaignes.

6 À l'entrée du village, emprunter la route à gauche sur 600 m, bifurquer à gauche, puis obliquer deux fois à droite avant de gagner un carrefour de pistes.

7 Négliger la piste à gauche et descendre tout droit à travers le vignoble. La piste laisse le château à gauche et rejoint la place de Serres.

CAPITELLE / DESSIN J.B.

PR® 21

DIFFICILE

5H • 12KM

S SITUATION
Serres, à 6 km à l'est de Couiza par la D 613

P PARKING
mairie

/ DÉNIVELÉE
altitude mini et maxi, dénivelée cumulée à la montée

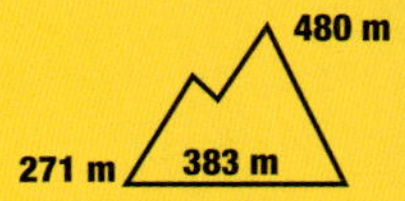

B BALISAGE
jaune

! DIFFICULTÉS !
- circuit à ne pas entreprendre après de fortes pluies
- gué aménagé et terrain glissant après **2**

À DÉCOUVRIR...

> En chemin :
- terres rouges
- vue sur le pic du Cardou et le pic de Bugarach
- château de Serres

> Dans la région :
• Alet-les-Bains : ancienne abbaye et vieux village • Arques : château XIVe et maison Déodat Roché • Espéraza : musée des Dinosaures et musée de la Chapellerie • Rennes-le-Château : visite commentée du domaine de l'Abbé Saunière et tour Magdala • Rennes-les-Bains : thermalisme et remise en forme, thermoludisme

PATRIMOINE BÂTI

LES BERGERIES DE BRAU

Les bergeries de Brau (nom donné au XIXe siècle) se situent sur les ruines d'un village nommé Casal Revel sous l'Ancien Régime et Casal Revin au Moyen Âge. À partir de 1134, les vicomtes Guillaume d'Alaigne et Roger de Béziers cédèrent les terres de ce lieu-dit aux Templiers et aux Hospitaliers de Saint-Jean de Jérusalem sous l'égide desquels le village de Magrie devint une commanderie hospitalière en 1186. Le village périclita dès le XIIIe siècle mais abrita encore quelques familles jusqu'à la Révolution française. Le dernier occupant des lieux fut le berger Jean-Baptiste Labernie qui y trouva refuge avec son troupeau de moutons jusqu'à son décès en 1982.

MAGRIE, LES BERGERIES DE BRAU / PHOTO D.S./CCLSH

Pic de Brau – Boucle de Magrie

Du haut du pic de Brau, un panorama à 360 degrés s'ouvre devant vos yeux sur le département de l'Aude : Montagne Noire, Malepère, Corbières, pic de Bugarach, Chalabrais, vallée de l'Aude et, bien sûr, les Pyrénées.

1 Du cimetière, traverser le village en direction du Pic de Brau. À la D 121, aller à droite sur 300 m. Prendre à gauche le chemin puis descendre à droite jusqu'à la Corneilla. Franchir le radier.

2 Tourner à droite ; le chemin longe la rivière. Puis s'engager sur le chemin creux à gauche. Il longe un fossé. Le chemin s'élève doucement et arrive aux ruines de la bergerie de Brau.

3 Laisser à droite le puits-abreuvoir et monter tout droit à travers les vignes. Passer dans la friche par le chemin mal marqué et se diriger vers le grand pin.

4 Franchir le fossé près d'un chêne et monter par le sentier à droite dans la garrigue. Passer à nouveau le ruisseau, gravir la pente, rester à niveau et traverser le bosquet de pins. Continuer à niveau dans la garrigue.

5 Monter par le large chemin à gauche. Passer devant une ancienne carrière et poursuivre tout droit en pente raide. À l'intersection, prendre le chemin à gauche et monter dans la garrigue en restant sur le chemin principal.

6 Prendre la piste à gauche. Elle monte sur la crête. Passer un bosquet de pins, laisser les éoliennes à droite et arriver à la tour de guet. Laisser les éoliennes à droite.

7 Prendre la piste à gauche. Elle passe sur le bord du plateau puis devient un sentier qui descend raide en lacets dans les éboulis et quelques pins. Trouver un sentier bien marqué en contrebas et rester sur la crête.

8 Laisser un sentier à droite et continuer la descente en crête. À la conduite de gaz, se diriger à gauche sur quelques mètres, puis virer à droite pour rester sur l'arête. Prendre le chemin à gauche et retrouver le radier.

2 Par l'itinéraire de l'aller, rejoindre Magrie.

PR® 22

DIFFICILE

5H • 11KM

S SITUATION
Magrie, à 4 km au sud-ouest de Limoux par la D 121

P PARKING
cimetière

DÉNIVELÉE
altitude mini et maxi, dénivelée cumulée à la montée

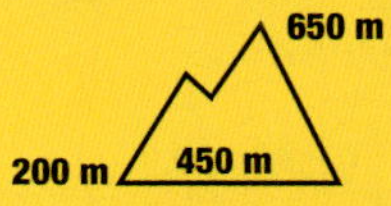

B BALISAGE
trait jaune ou rond jaune

! DIFFICULTÉS !
- montée raide entre **5** et **6**
- descente raide dans les éboulis entre **7** et **8**

À DÉCOUVRIR...

> En chemin :
- Magrie : église, fontaine, caveaux de dégustation de blanquette de Limoux
- tour de guet (table d'orientation, point de vue)

> Dans la région :
- Limoux : centre historique, carnaval, gastronomie, musée Petiet, musée des Automates

PATRIMOINE BÂTI

Notre-Dame de Marceille

L'accès à la boucle passe à proximité du remarquable site de Notre-Dame de Marceille, édifice auparavant nommé église Sainte-Marie et édifié en 1137. La basilique et son parc de la statue de la Vierge et de l'enfant (XVe siècle) constituaient un lieu de pèlerinage se déroulant en septembre, lors de la nativité de la Vierge. C'était aussi une étape vers Saint-Jacques-de-Compostelle. On y trouve : de nombreux ex-voto, une Vierge noire du XIe ou XIIe siècle, une chaire à prêcher du XIVe siècle, plusieurs tableaux des XVIIe et XVIIIe siècles, ou encore la Côte Pavée avec la fontaine miraculeuse, à laquelle une légende est associée. On notera enfin que la porte d'entrée a conservé sa boiserie et sa ferronnerie d'époque gothique de 1488.

NOTRE-DAME DE MARCEILLE / PHOTO F. A.

Boucle de **Limoux :** sur les hauteurs de **Laux** et **Ninaute**

PR® 23

FACILE

2H50 • 8,6KM

Ce circuit offre au randonneur la possibilité de combiner une randonnée de qualité et une sortie culturelle parmi toute la palette limouxine (musées, œnologie, festivals).

> Plusieurs variantes autour du centre aéré et du centre équestre avec une boucle botanique spéciale enfants.

1 Sous l'aire de pique-nique, prendre le sentier qui traverse une pinède. Tourner à droite et descendre les marches, puis suivre la piste à droite. Marcher sur 700 m, passer la cabane des chasseurs et atteindre une bifurcation.
> Possibilité de continuer en face pour éviter la montée sur le Laux.

2 Monter par la piste de gauche *(en se retournant, panorama sur Limoux, la vallée de l'Aude et les Pyrénées)*. À l'approche du sommet, atteindre un carrefour.
> Possibilité d'éviter une descente raide en continuant en face, puis à droite pour contourner le sommet du Laux.

3 Sur la droite, un sentier passe près du sommet du Laux. Sortir du sous-bois, continuer à travers la garrigue et descendre les lacets qui surplombent les pâturages du domaine de Laux. En bas, à la patte d'oie, s'avancer en face en direction de Saint-Polycarpe sur 300 m.

4 S'engager à droite sur la « trans-équestre » vers Saint-Polycarpe. Continuer tout droit en restant sur la piste sous les chênes verts (ne pas prendre les deux départs sur la gauche). La piste passe sous des arbres torturés avant de tourner à droite, brusquement. Continuer sous les feuillus, puis les chênes kermès. Rejoindre la piste qui surplombe la vallée du ruisseau de Saint-Polycarpe et filer jusqu'à un croisement.

5 Aller à gauche, puis monter de suite à droite le long du talus rocheux. Atteindre le carrefour du Poteau.
> Possibilité de raccourcir le circuit en montant à droite pour gagner le centre Ninaute.

6 Emprunter le deuxième sentier de gauche, celui qui borde la falaise, à travers de petits chênes kermès. Continuer le long de la vallée sur une piste.

7 Après 900 m, au panneau de la forêt communale, prendre le deuxième sentier de droite, qui passe de l'autre côté de la clôture. Descendre sur 800 m entre chênes, garrigue et friches jusqu'à rejoindre une piste face aux vignes.

8 Partir à droite, franchir le gué et remonter à gauche. Passer sous les prés des chevaux et tourner à gauche pour contourner le centre aéré de Ninaute. Au parking de Ninaute redescendre la piste de gravillonnées, puis prendre à droite pour rejoindre l'aire de pique-nique.

S SITUATION
Limoux, à 25 km au sud de Carcassonne par la D 118, puis D 104 (accès en TER)

P PARKING
aire de pique-nique, à 2 km du centre de Limoux (depuis la Maison du Département, suivre centre aéré de Ninaute)

/ DÉNIVELÉE
altitude mini et maxi, dénivelée cumulée à la montée

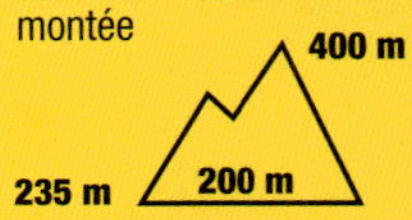

B BALISAGE
trait jaune et rond vert

! DIFFICULTÉS !
- montée raide entre **3** et **4**
- descente raide entre **4** et **5**
- jours de chasse se renseigner en mairie : 04 68 31 01 16

À DÉCOUVRIR...

> En chemin :
- interprétation botanique spéciale enfants : fin 2012
- aire de pique-nique ombragée avec points d'eau et sanitaires
- panoramas
- basse-cour et élevage de chevaux du Centre de Ninaute

> Dans la région :
- Limoux : Notre-Dame de Marceille, centre historique, carnaval, gastronomie, musée Petiet, musée des Automates, Jardin des plantes parfumées, aqueduc de l'Abbaye de Saint-Polycarpe

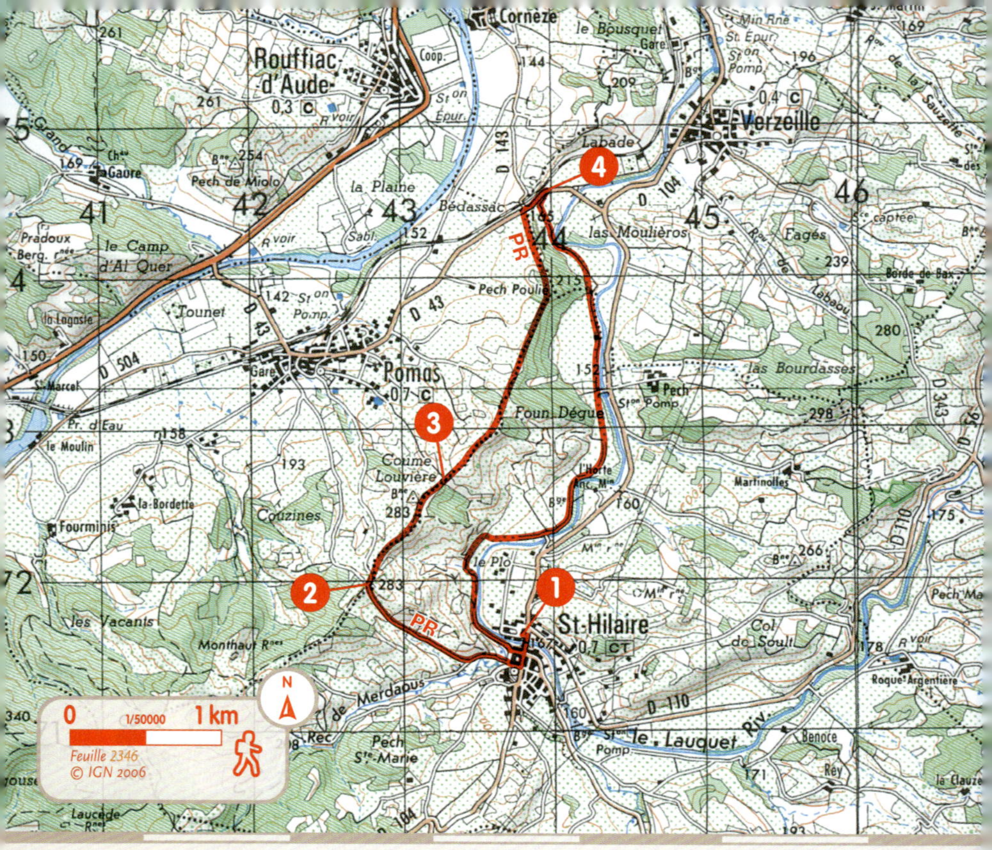

PATRIMOINE BÂTI

L'ABBAYE DE SAINT-HILAIRE

Émergeant des vignes blanquetières, l'abbaye bénédictine de Saint-Hilaire est installée dans la pittoresque vallée du Lauquet. Fondée à la fin du VIIIe siècle, elle abrite un « sarcophage » du XIIe siècle, une des œuvres majeures du Maître de Cabestany, retraçant l'arrestation, le martyre et la mise au tombeau de saint Sernin, premier évêque de Toulouse.

Jusqu'au début du XIIIe siècle, l'abbaye bénéficie de la protection des comtes de Carcassonne, mais durant la croisade contre les Cathares, les moines accusés d'hérésie perdent leur autonomie et une grande partie de leurs biens ; le monastère aurait même été dévasté par les croisés. Au XVIe siècle, les moines élaboraient un vin pétillant. Ils ignoraient que ce vin allait connaître une renommée mondiale. La tradition veut que l'abbaye soit le berceau de la Blanquette de Limoux.

CLOÎTRE DE L'ABBAYE DE SAINT-HILAIRE / PHOTO ASPC

Saint-Hilaire

Ce circuit pour grande partie en crête vous permettra de découvrir l'abbaye de Saint-Hilaire, berceau de la blanquette.

1 Après la poste, prendre à droite la rue des Caves et monter par le chemin de la combe de la Cougue-de-Rate.

2 Au col, tourner à droite, passer dans le parc à bétail, monter et suivre la crête. Longer des cultures à gibier, puis une vigne.

3 Laisser à gauche le chemin descendant à Pomas pour longer le champ en face et retrouver le sentier en ligne de crête. Après une vigne et des cultures, le sentier serpente entre les genêts. Poursuivre entre les vignes et les chênes, puis en bordure des vignes pour redescendre vers la D 43. L'emprunter à droite sur 300 m.

4 Prendre le chemin à droite. Il longe le Lauquet. Poursuivre sur la même rive. Au radier, rester en rive gauche, puis effectuer un crochet à droite dans les vignes avant de trouver un chemin qui redescend le long du Lauquet jusqu'à Saint-Hilaire.

GENÊT À BALAI / DESSIN N.L.

PR® 24

FACILE

3H • 9KM

S SITUATION
Saint-Hilaire, à 14 km au nord-est de Limoux par la D 104

P PARKING
mairie

/ DÉNIVELÉE
altitude mini et maxi, dénivelée cumulée à la montée

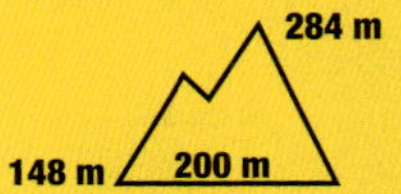

B BALISAGE
trait jaune et rond vert

À DÉCOUVRIR...

> En chemin :
- abbaye de Saint-Hilaire
- vignoble

> Dans la région :
• abbaye de Saint-Polycarpe • abbaye de Rieunette • caveaux des domaines Martinolles et La Bordette

PATRIMOINE BÂTI

La vie sous le donjon de Clermont-sur-Lauquet

Du castrum de Claramonte mentionné en 1110, il ne reste plus que le donjon et sa cheminée gothique. Il appartenait à Loys de Siran, Seigneur de Cavanac, en 1595. En 1686, les clermontais avaient la « faculté » de se réfugier dans le château, d'y apporter leurs meubles pour y être conservés en temps de guerre, charge à la communauté de tenir la tour du château en état. Contre 12 livres de droit de quête, les habitants avaient la « faculté » : de couper du bois dans la forêt de Braguettau pour se chauffer, de fagoter et vendre dans les villes voisines sans demander de permission, de faire paître le bétail dans les herbages des chemins et des vacants, ainsi que de faire usage de la fontaine.

Le Mole de Clermont-sur-Lauquet / photo C.B./CCLSH

Clermont-sur-Lauquet

Cette randonnée sportive, essentiellement sur sentier, dans les contreforts des Corbières occidentales, est ponctuée de vestiges de l'économie rurale du XVIIIe siècle de cette vallée pauvre, où la diversification a permis la survie. Le sentier passe des pâturages aux voûtes de feuillus et buis remarquables.

1 De l'aire de pique-nique, prendre la piste à droite. Franchir le pont en béton et remonter à droite.

2 À la fourche, bifurquer à gauche *(en se retournant, vue sur le donjon du château du XIIe siècle)*. Continuer sur la piste et franchir une clôture *(sur la gauche, le roc de la Môle)*. Parvenir à une bifurcation.

3 S'orienter à droite dans le sous-bois. Passer la bruyère et franchir une clôture en bois. Traverser un ruisseau et immédiatement après, tourner à droite pour remonter le vallon le long du ruisseau. Une heure après le départ, atteindre les ruines d'une ancienne tuilerie. Quitter le sentier et le ruisseau, et emprunter la piste au-dessus de la Tuilerie.

4 Au croisement, prendre à droite le sentier qui monte, puis redescendre. Suivre le sentier en courbe : arriver ainsi à la source de la Bourdette. Franchir le ruisseau, puis longer une prairie par la droite. Reprendre une piste et passer une clôture avant de rejoindre la piste majeure de la Caunette.

5 Après 30 m, quitter la piste à une patte d'oie pour prendre le sentier du centre qui monte et longer la clôture, avant de la franchir. Continuer sur un plateau *(en face et à gauche les reliefs du Bac de Maury)*, puis descendre.

> Possibilité de faire le détour à droite par la ruine de Monthaut (2 min).

6 Au pied d'une petite falaise, tourner à droite. Continuer à descendre et passer deux clôtures.

7 À la fourche, obliquer à droite. Longer des rochers sans prendre à droite. À la sortie du sous- bois, tourner deux fois à droite. Passer par l'exploitation agricole.

2 Reprendre la piste juste avant le pont du départ et s'avancer à droite sous la voûte végétale qui mène à la fontaine. Rejoindre le village. Descendre à gauche et emprunter le pont en pierre pour rejoindre le parking.

PR® 25

FACILE

2H15 • 6KM

S SITUATION
Clermont-sur-Lauquet, à 35 km au sud-est de Carcassonne par les D 118, D 43, D 104 jusqu'à Verzeille, puis D 343, D 110, D 56

P PARKING
aire de pique-nique du pont au village

/ DÉNIVELÉE
altitude mini et maxi, dénivelée cumulée à la montée

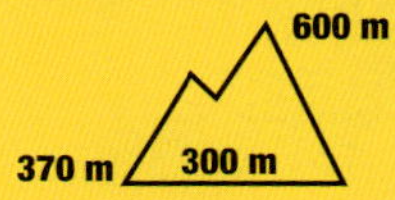

B BALISAGE
jaune

! DIFFICULTÉS !
- entre **6** et **7**, descente glissante par temps de pluie
- jours de chasse, se renseigner en mairie : 04 68 69 61 42

À DÉCOUVRIR...

> En chemin :
- sentier d'interprétation sur l'économie rurale des siècles passés (fin 2012),
- roc de la Mole
- forêt, buis remarquables
- donjon (XIIe)

> Dans la région :
- aqueduc de l'Abbaye de Saint-Polycarpe
- pont de Greffeil
- platane bicentenaire de Villardebelle
- Limoux

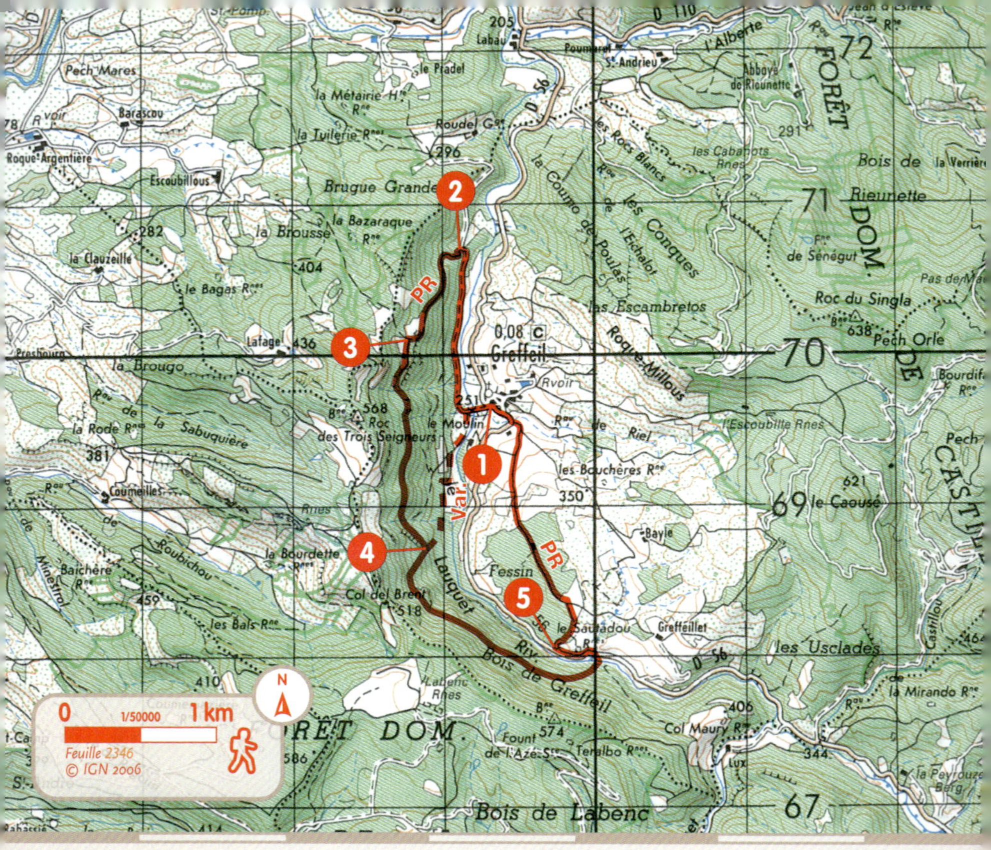

HISTOIRE

LE DEVIN DE GREFFEIL

En suivant le chemin qui monte sous les arbousiers de Greffeil, on passe près de maisons en ruines. Ici, vivait au XIXe siècle, le devin, dont l'histoire se raconte encore.

Nulle magie pourtant chez « l'endevinaïre », plus psychologue que magicien ! La situation privilégiée de sa maison lui permettait de percer les secrets des Greffeillois. De celui qui venait le voir, il savait déjà tout ! Sa femme fut complice de ses méfaits. Les soirs de récolte, ils terrorisaient le village, battant d'un étrange tambour aux sons diaboliques… Les villageois effrayés se cachaient abandonnant leur blé que nos deux escrocs subtilisaient alors. La maréchaussée mit un terme à ces agissements, prenant les voleurs sur le fait à la stupéfaction des habitants.

VUE DEPUIS LA MAISON DU SORCIER SUR GREFFEIL / PHOTO CCLSH

La **maison** du **Sorcier**

ARBOUSIER / DESSIN N.L.

À l'ombre des chênes verts, cette boucle permet de dominer la vallée du Lauquet et d'en admirer la sauvage beauté.

1 Depuis l'église, prendre un escalier qui descend vers la route ; la suivre à gauche, puis descendre à droite vers le pont. Après le pont, la piste oblique à droite. Suivre la piste jusqu'à une bifurcation située dans un virage prononcé à gauche.

2 Grimper par le chemin enherbé de gauche. Avant d'arriver en crête, passer une première ruine puis une seconde *(point de vue sur la vallée du Lauquet)*. Poursuivre dans les genêts.

3 À la bifurcation, prendre à droite en montée un sentier qui traverse le bois. Suivre toujours la même direction, laisser un sentier bien tracé qui descend à travers le camp de la Gleizo. Atteindre la jonction avec un autre sentier.

> Possibilité de retour direct vers Greffeil en descendant à gauche.

4 Continuer à droite en montée. Le sentier serpente dans le sous-bois. Après un ruisseau, le sentier oblique à gauche. Arrivé au-dessus du Sautadou *(bâtiments)*, tourner à gauche pour traverser la rivière sur un gué bétonné.

5 Prendre à gauche sur la D 56. La quitter assez rapidement pour monter à droite par une piste qui longe un ancien champ. Au bout, rejoindre un chemin empierré, qui monte à gauche. Atteindre un carrefour et suivre toujours tout droit la piste entre les arbres vers le village.

PR® 26

MOYEN

2H • 7,5KM

S SITUATION
Greffeil, à 23 km à l'est de Limoux par les D 104, D 110 et D 56

P PARKING
entrée du village

/ DÉNIVELÉE
altitude mini et maxi, dénivelée cumulée à la montée

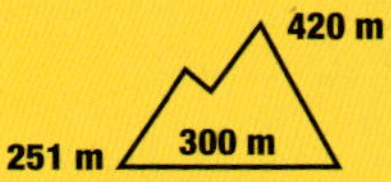

B BALISAGE
jaune, pastille verte

! DIFFICULTÉS !
- passages glissants par temps humide entre **4** et **5**
- zone de chasse (se renseigner en mairie)

À DÉCOUVRIR...

> En chemin :
- église de Greffeil
- pont et berges du Lauquet

> Dans la région :
- Ladern-sur-Lauquet : abbaye de Rieunette
- Saint-Hilaire : ancienne abbaye
- Saint-Polycarpe : ancienne abbaye
- Limoux : centre historique, carnaval, gastronomie, musée Petiet, musée des Automates

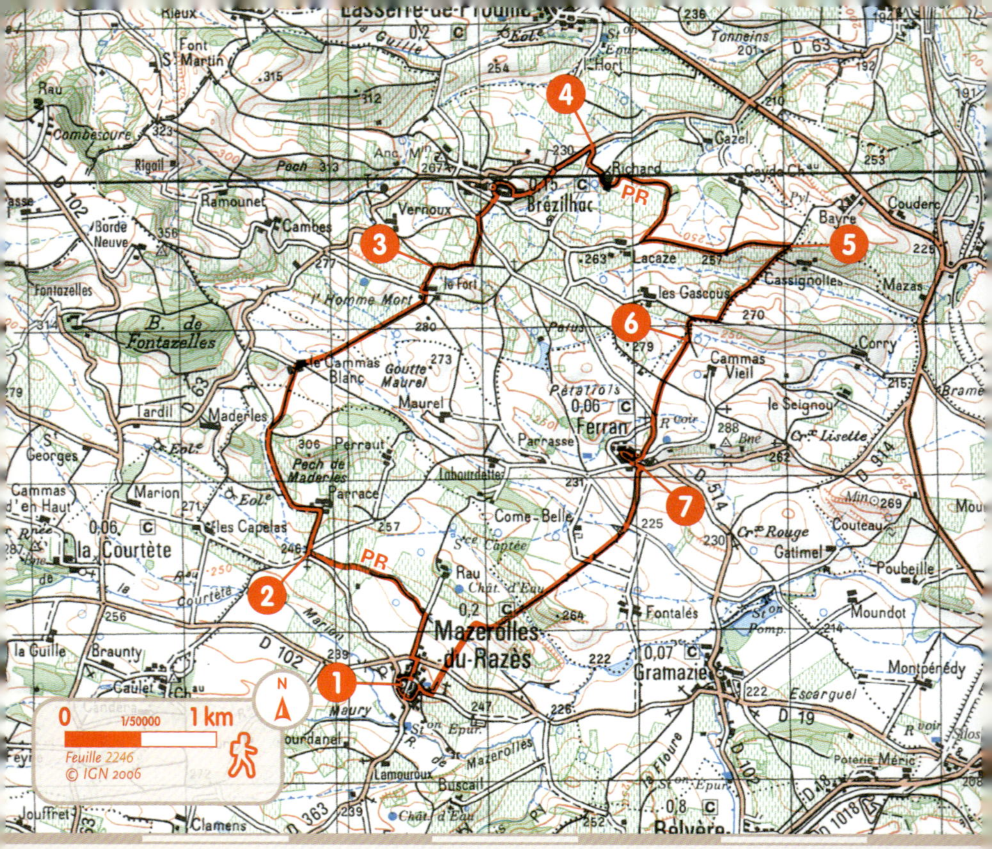

PATRIMOINE BÂTI

LES CIRCULADES

On appelle circulade un type d'agglomération fortifiée, apparu surtout dans le Languedoc-Roussillon entre le Xe siècle et le XIIe siècle, dont l'ensemble du système parcellaire est basé sur le cercle et ses dérivés. L'habitat est disposé en anneaux successifs autour d'un noyau central, qui était occupé à l'origine, selon les cas, par un château à motte ou une église. Quel que soit son centre, le village doit avant tout protéger ses habitants. Chaque cercle de maisons constitue un rempart supplémentaire pour retarder la progression de l'agresseur. Le village peut être entouré, à l'extérieur, d'un fossé ou d'une muraille. Des portes situées entre les maisons permettaient l'accès à ce système de défense.

CIRCULADE DE CAILHAVEL / PHOTO MAIRIE CAILHAVEL

Chemin des Amouriès

PR® 27

MOYEN

3H30 • 12KM

Partez à la découverte des villages « ronds » du Bas-Razès, dont toute la structure est circulaire, comme à Mazerolles qui appartient à l'association « de Circulade en Circulade ».

1 De l'église, rejoindre la mairie au nord du village et continuer par la petite route. Prendre la D 102 à gauche, puis le chemin de Rau à droite. Avant le pont, suivre à gauche le sentier bordé de saules.

2 Au pont, monter par deuxième route à droite vers la ferme de Parrace, tourner à gauche *(au sud, vue sur le pic de Saint-Barthélémy et les Pyrénées Ariégeoises)* et suivre à droite le chemin bordé de bosquets. À la ferme de Camas-Blanc, prendre la route à droite puis le chemin de gauche *(à droite, vue sur Ferran)*. Il traverse des champs. Avant Le Fort, se diriger à gauche, couper la route et continuer par le chemin en face *(vue sur Brézilhac)*.

3 À l'intersection, prendre le chemin à droite, descendre à gauche, suivre la route à gauche puis la route à droite et entrer dans Brézilhac. Se diriger à droite, descendre par le chemin et continuer par la D 63.

4 Partir à droite vers la ferme de Richard, puis monter par le chemin dans les vignes et atteindre la crête avant la ferme de Lacaze. Prendre le chemin de crête à gauche *(panorama au nord sur la Montagne Noire, à l'est sur les villages de Cailhavel et Cailhau, au sud sur le pic de Bugarach et les Pyrénées)*.

5 Au croisement en T, descendre par le chemin à droite, franchir le vallon et remonter en face. Descendre par le chemin à droite en crête, puis descendre à gauche dans le vallon.

6 Monter à droite, franchir la crête et descendre tout droit. Continuer par la route en restant à gauche et entrer dans Ferran. Passer à gauche de l'église et prendre la route à gauche.

7 Obliquer sur la route à droite, à angle aigu, et descendre dans le vallon. Laisser le cimetière à droite et monter tout droit par l'allée de mûriers. Franchir deux lignes de crête, descendre dans le vallon, passer le pont, couper la D 102, poursuivre en face, puis tourner à droite pour retrouver le centre de Mazerolles.

BRÉZILHAC / PHOTO MAIRIE BRÉZILHAC

S SITUATION
Mazerolles-du-Razès, à 18 km au nord-ouest de Limoux par les D 623 (direction Fanjeaux), D 18, D 19 et D 102

P PARKING
église

DÉNIVELÉE
altitude mini et maxi, dénivelée cumulée à la montée

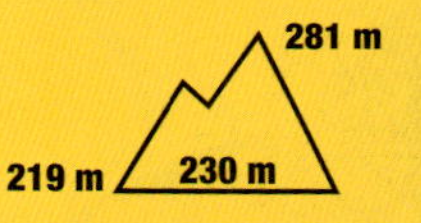

B BALISAGE
jaune

! DIFFICULTÉS !
zone de chasse (se renseigner en mairie)

À DÉCOUVRIR...

En chemin :
• Mazerolles-du-Razès : « circulade », église fortifiée XIIe (clocher-mur, portail XIVe, escalier à vis et charpente unique), croix de chemins • Brézilhac : église de style ogival XIXe • points de vue • Ferran : église XIXe • mûriers

Dans la région :
• Fanjeaux : bastide, église • Limoux : centre historique, musée Petiet, musée des Automates • bastide remarquable, église • Mirepoix : bastide médiévale, cathédrale

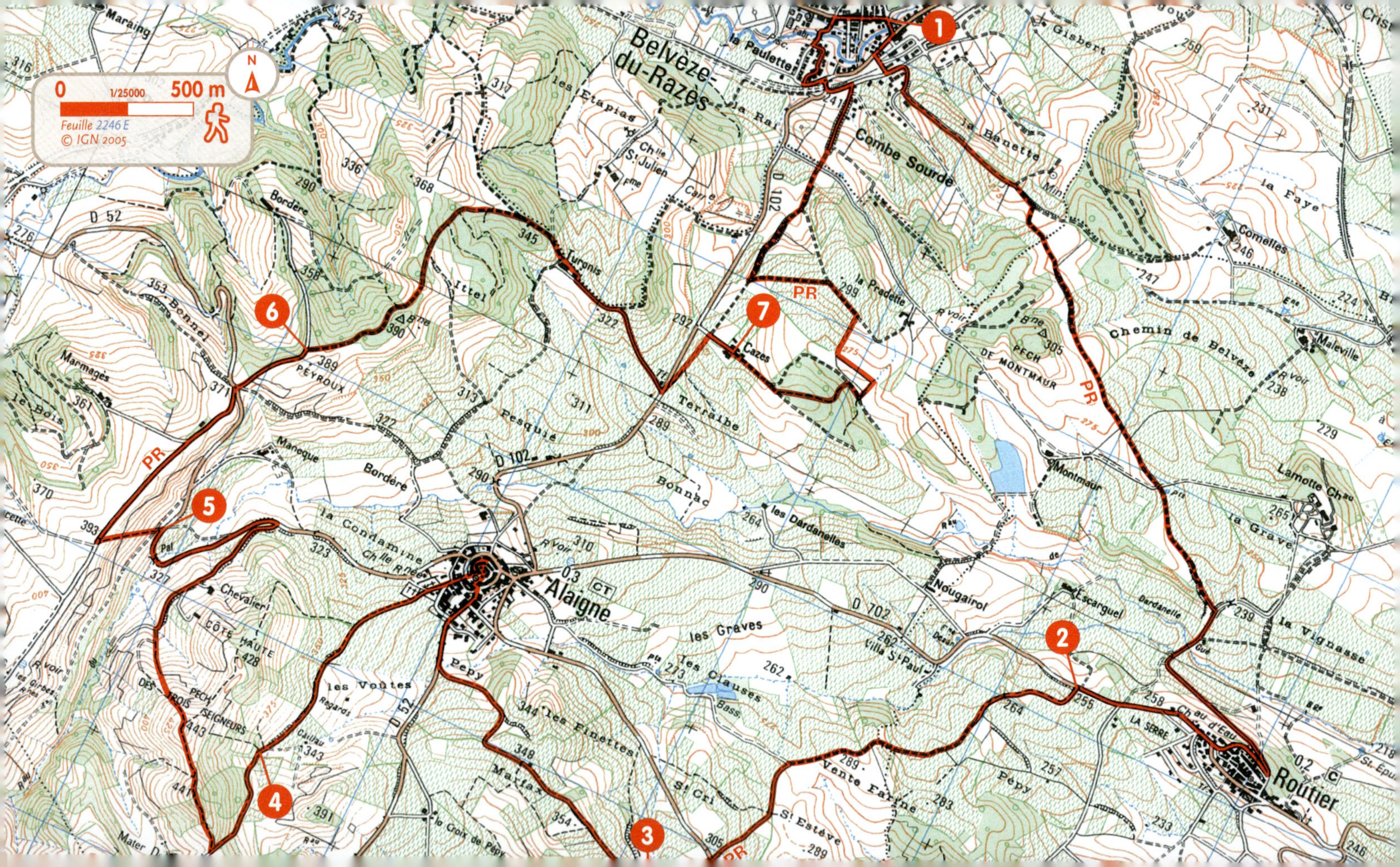

Belvèze-du-Razès
Alaigne
Routier
Combe Sourde
la Paulette
Cazes
Montmaur
PECH DE MONTMAUR
Nougairol
les Dardanelles
Terraïbe
Bonnac
Bordère
PEYROUX
la Condamine
Chevalier
CÔTE HAUTE
PECH DES TROIS SEIGNEURS
les Voûtes
Pepy
Maillac
les Finettes
les Clauses
les Graves
Vente Farine
Villa St Paul
Escarguel
LA SERRE
la Vignasse
Maleville
Cornelles
la Faye
Chemin de Belvèze
la Pradette
les Etapias
Chle St Julien
Turgnis
Ittel
Bonnel
Marmages
le Bois
Maraing
D 102
D 702
D 52
PR
1
2
3
4
5
6
7
0
1/25000
500 m
Feuille 2246 E
© IGN 2005

Chemin des Vignerons

Une randonnée à travers les villages du Razès, à la découverte des cépages de l'appellation Malepère. L'exceptionnel panorama du haut du Pech des Trois Seigneurs en constitue le point d'orgue.

1 Place de la Gare, passer entre le kiosque à musique et le cabinet médical. Tourner à gauche, couper la route qui remplace l'ancienne voie ferrée puis tourner à gauche, avenue des Prunus ; la suivre à gauche, pour prendre le chemin à droite dans la résidence Combe-Sourde. Au carrefour suivant, emprunter le chemin qui monte à gauche. Après la descente, contourner une vigne par la droite, puis continuer en face. Suivre à droite la route de Routier. À l'entrée du village, prendre à droite le chemin des Moulins. Au château d'eau, descendre à droite la D 702 vers Alaigne. Laisser une première piste à gauche et en atteindre une seconde.

2 Emprunter cette large piste à gauche sur 50 m, puis se diriger à droite sur 1 km environ. Au carrefour, partir à gauche vers le domaine de Peyronnet. Couper la D 102 et continuer la piste tout droit.

3 À la crête, monter à droite, puis suivre la D 52 à droite. À l'entrée d'Alaigne, prendre le chemin du Barry et traverser la place, prendre à gauche vers le cimetière et suivre la piste à gauche sur plus d'1 km.

4 À la fin de la montée, grimper à droite par un chemin raide. En haut, virer à droite, passer une clôture et suivre la crête jusqu'au Pech des Trois-Seigneurs. Descendre tout droit jusqu'à un chemin plus important, et l'emprunter à droite pour retrouver la D 52. La suivre à gauche, passer le pont, puis trouver un chemin à gauche.

5 L'emprunter et monter par la piste à droite. Prendre la D 463 à droite, couper la D 52 et aller en face vers le domaine de Bordère.

6 Longer la clôture et descendre le chemin jusqu'au domaine de Turonis. Le contourner par la gauche puis emprunter la voie goudronnée à gauche. Traverser la D 102 pour rejoindre le domaine de Cazes.

7 Après le bâtiment, descendre par un chemin à droite. Sur le terre-plein, tourner à gauche vers le pin, puis environ 80 m plus loin, monter à gauche par une large rangée de vigne. Au chemin, tourner à gauche puis de suite à droite vers le bois. Le traverser puis tourner 2 fois à gauche. Longer le bas des vignes. Dans une rangée large (poteau électrique) tourner à droite. En crête, tourner à gauche, puis plus loin à droite pour suivre un chemin parallèle à la D 102 et descendre tout droit vers Belvèze.

PR® 28

DIFFICILE

4H30 • 18KM

S SITUATION
Belvèze-du-Razès, à 27 km au Sud-Ouest de Carcassonne par les D 118 et D 18

P PARKING
devant l'ancienne gare

/ DÉNIVELÉE
altitude mini et maxi, dénivelée cumulée à la montée

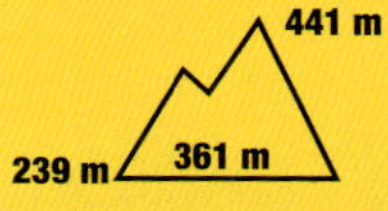

B BALISAGE
jaune

! DIFFICULTÉS !
zone de chasse (se renseigner en mairie)

À DÉCOUVRIR...

> En chemin :
- Routier : clocher-mur de l'église
- Alaigne : village circulaire, domaine expérimental de Cazes
- Belvèze-du-Razès : Vierge classée.

> Dans la région :
- Fanjeaux : vieux village, point de vue
- Montréal : collégiale gothique
- Saint-Hilaire : ancienne abbaye, cloître
- Limoux : vieille ville, carnaval, gastronomie

ÉCONOMIE

LES VIGNES DES TROIS SEIGNEURS

Sur les chemins du plateau de Belvèze, sous ce ciel à l'horizon lointain, caractéristique des paysages du Razès et du Lauragais, vous découvrirez les merlots, cabernets, grenaches… Ces cépages, qu'ils soient anciens ou préfigurant les vignes du XXIe siècle, puisent dans le sol gréseux des collines, tous les éléments nécessaires à l'élaboration du vin AOC Malepère. Les vignerons perpétuent un savoir-faire séculaire, dans un souci de qualité honorant ainsi la mémoire des Phocéens qui furent sans doute les premiers vignerons du pays.

Vous aurez aussi le loisir de profiter du point de vue exceptionnel en haut du Pech des Trois Seigneurs, admirer le château de Routier, une belle bâtisse du XVIe siècle, et découvrir la circulade d'Alaigne. Imaginez alors les fêtes des vendanges d'autrefois dans ces paysages de douces collines aux couleurs dorées !

VIGNES DU RAZÈS / PHOTO P. D./CDT 11

MILIEU NATUREL

LE DOMAINE DE CAZES

Au sud-ouest de Carcassonne, la région de la Malepère est au cœur d'un espace baigné par les influences méditerranéenne et océanique.

Depuis 1967, le domaine de Cazes mène un rigoureux projet d'expérimentation et d'amélioration des cépages, adaptés aux sols et aux climats permettant ainsi l'émergence d'un nouveau cru, l'AOC Malepère. Avec l'aide de plusieurs partenaires, le domaine s'est récemment lancé dans un projet original portant sur la biodiversité, misant sur une co-existence harmonieuse entre patrimoine naturel et pratiques agro-viticoles. Une étude précise de la faune et la flore du terroir a permis de mettre en évidence la fragilité du milieu et la diversité des espèces, parfois rares et protégées. Différents aménagements sont ainsi prévus au cœur des vignes, afin de préserver cette richesse : implantation de haies, installation de nichoirs, etc. Un projet novateur où la sauvegarde de la biodiversité devient une composante indispensable du développement agricole durable.

Grappes de merlot / photo OTI AP

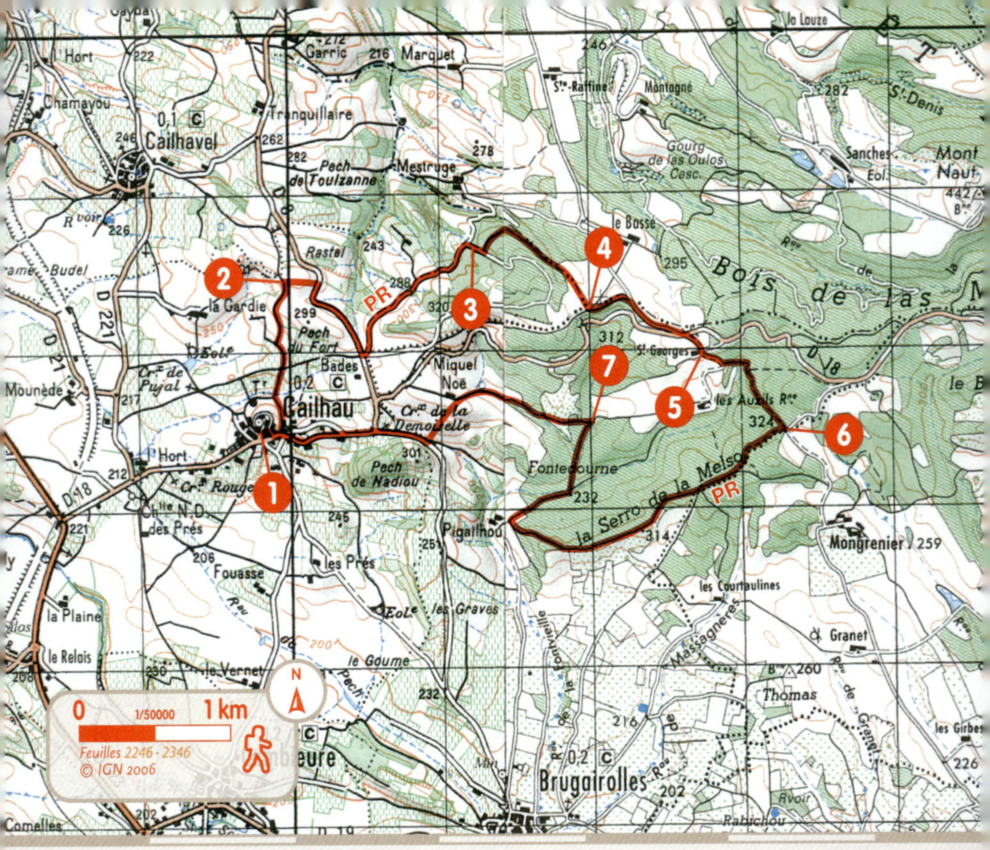

MILIEU NATUREL

LA MALEPÈRE

Le massif de la Malepère, dont le nom provient de *mala péira* (en occitan « mauvaise pierre »), entre zones cultivées et forêts, présente un intérêt biogéographique dû à sa position intermédiaire à la confluence des climats méditerranéen et atlantique. L'essence dominante est le chêne pubescent, dont la présence est liée au climat méditerranéen. Mais d'autres espèces indiquent des influences climatiques variées : le chêne vert caractéristique du climat méditerranéen, le chêne pédonculé attribuable au climat atlantique, le chêne sessile à tendance médio-européenne, et de façon minoritaire le hêtre qui signale un contexte de moyenne montagne.

CAILHAU / PHOTO CCRM

Chemin de la **Melso**

Découvrez Cailhau, modèle de village rond dit « circulade » avec ses trois rues concentriques qui entourent le château-église et sa porte fortifiée qui a conservé ses rampes d'accès. La campagne alentour vous dévoilera également le massif de la Malepère.

ÉGLISE DE CAILHAU / DESSIN J.-J.D.

1 Passer sous le porche, prendre la rue de la Promenade, tourner à droite puis à gauche et atteindre le panneau d'information sur les randonnées à gauche. Suivre la rue des Matines à gauche, puis le chemin goudronné à gauche. Ignorer les chemins latéraux. Le chemin descend puis remonte. Continuer par le chemin herbeux en bordure des champs. Il s'élève ; avant d'arriver en haut, prendre à droite entre deux champs.

2 À l'embranchement, virer à droite. Emprunter la D 18 à droite sur 700 m, le chemin empierré à gauche sur 20 m, puis encore le chemin à gauche. Ignorer un chemin à gauche et, à l'entrée du bois, laisser le chemin à gauche. Au croisement, face au bois, prendre le chemin à gauche en lisière du bois.

3 Prendre le chemin forestier à droite. Il entre dans la forêt communale de Cailhau (panneau). Passer la barrière ONF, continuer tout droit et, à la citerne, ignorer le chemin à droite. Poursuivre tout droit, franchir la deuxième barrière ONF et descendre.

4 Suivre le chemin à gauche en lisière, puis la route à droite. Couper la D 18 et continuer par le chemin empierré en face vers la ferme Saint-Georges.

5 Face à la maison, descendre dans le bois par le chemin à gauche et, face au portail, continuer la descente dans la combe par le chemin à gauche.

6 À la croisée, prendre le chemin à droite en direction de Cailhau. Ignorer des chemins à gauche, puis continuer à droite *(point de vue sur la chaîne des Pyrénées)* et atteindre un croisement en T, près de la ferme Pigaillou. Emprunter le chemin à droite, puis continuer à gauche.

7 Ignorer le chemin à droite pour obliquer à gauche et rester sur le chemin principal. Continuer tout droit, laisser la campagne Miquel-Noé à droite, puis emprunter la route à droite. Poursuivre tout droit pour retrouver le village.

PR® 29

MOYEN

3H20 • 12KM

S SITUATION
Cailhau, à 16 km au nord-ouest de Limoux par les D 623 (direction Fanjeaux) et D 18

P PARKING
foyer sur la place Lauge (entrée sud du village)

/ DÉNIVELÉE
altitude mini et maxi, dénivelée cumulée à la montée

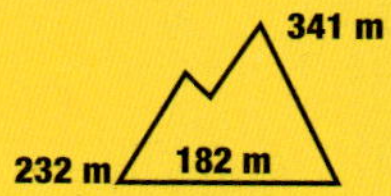

B BALISAGE
jaune

! DIFFICULTÉS !
- parties glissantes (boue) en période humide
- zone de chasse (se renseigner en mairie)

À DÉCOUVRIR...

> En chemin :
- Cailhau : village rond « circulade », porte Aquaria (ancienne porte médiévale fortifiée), église Saint-Christophe d'origine médiévale remaniée XVIIIe

> Dans la région :
- Fanjeaux : bastide, église, point de vue du Seignadou
- canal du Midi
- Montréal : collégiale gothique
- Limoux : centre histori-que, carnaval, gastrono-mie, musée Petiet, musée des Automates

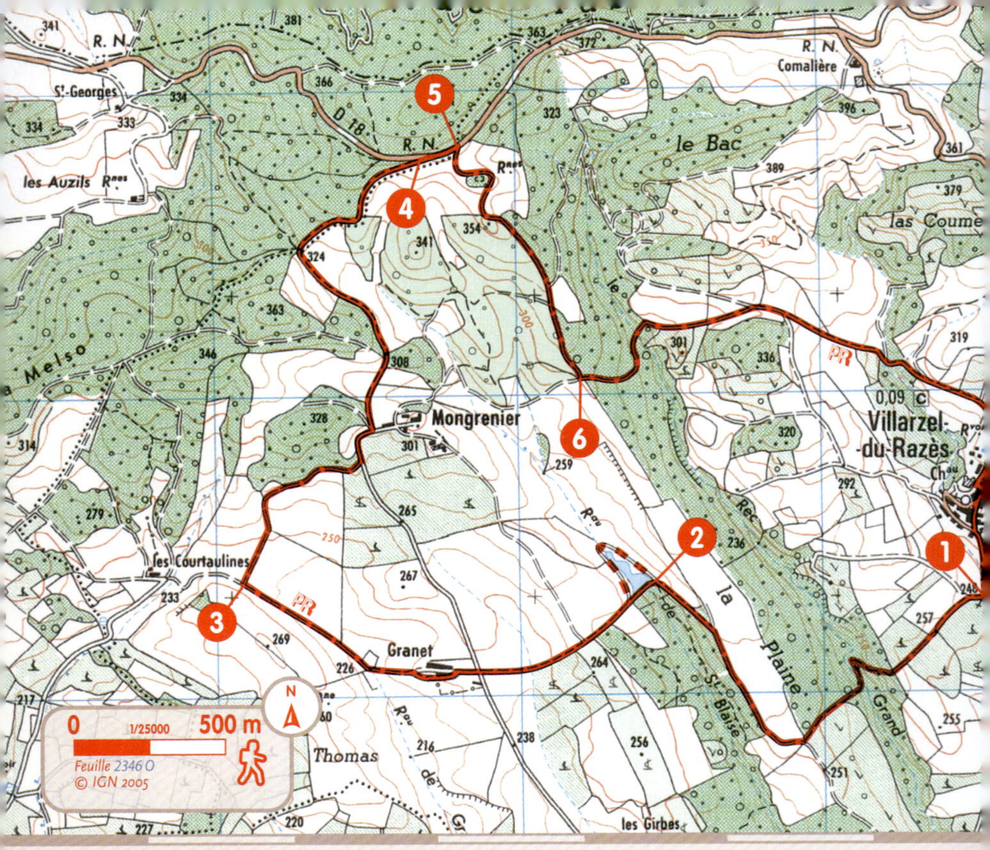

MILIEU NATUREL

Diversité en Malepère

La Malepère est réputée pour sa richesse floristique : au gré de vos promenades, vous découvrirez notamment des orchidées (dont les rares *Pseudorchis albida*, *Ophrys magniflora* et *Epipactis palustris*).

Et si le sanglier, le chevreuil et le renard restent discrets, vous pourrez, avec un peu d'attention, découvrir leurs empreintes fixées dans le sol humide. Les lièvres et les perdrix rouges sont plus faciles à observer à distance, mais fuient à toute approche. Les rapaces sont nombreux et aisément reconnaissables, en vol ou perchés comme la buse commune, le milan noir ou royal, le busard Saint-Martin, le faucon crécerelle, le circaète Jean-le-blanc…

Vue du chemin du Rec Grand / photo CCRM

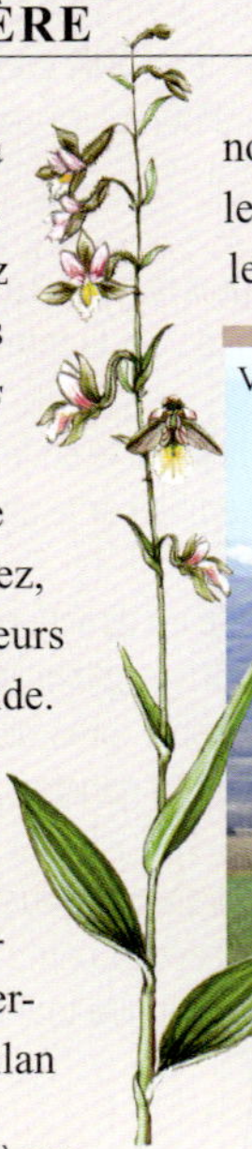

Epipactis palustris / dessin N.L.

Chemin du Rec Grand

PERDRIX ROUGE / DESSIN P.R.

Cette balade dans la forêt de la Malepère dégage, à travers un paysage varié de bois, de champs et de vignes, des vues imprenables sur la chaîne des Pyrénées.

1 Monter par le chemin à gauche (ouest). Laisser le chemin à droite, puis descendre dans le vallon, franchir le ruisseau et remonter. Emprunter la piste à droite, puis descendre par la piste à gauche et arriver au bord d'un petit lac artificiel.

> Possibilité de réaliser le tour du lac.

2 Franchir le petit pont sur la gauche du lac et descendre par la piste. Couper la route, continuer en face le long de la ferme de Granet et poursuivre par la piste. Après le ruisseau, rester sur la piste sur environ 700 m. Monter à droite en sous-bois.

3 S'engager à droite sur le chemin entre deux champs qui mène à une route. Prendre à gauche vers Montgrenier et continuer jusqu'à rejoindre la D 18.

4 Emprunter à droite la D 18 sur 100 m.

5 Avant le petit pont, descendre à droite. Le chemin traverse le bois et arrive face à un champ.

6 Tourner à gauche, descendre dans la combe, franchir le ruisseau et remonter. Emprunter la piste à droite et ignorer tous les chemins latéraux. Prendre la D 318 à droite et passer dans Villarzel-du-Razès avant de retrouver le parking.

VILLARZEL-DU-RAZÈS / PHOTO P.L.

PR® 30

FACILE

2H50 • 8,8KM

S SITUATION
Villarzel-du-Razès, à 12 km au nord-ouest de Limoux par les D 118, D 19 et D 318

P PARKING
entrée sud du village (sous les platanes)

DÉNIVELÉE
altitude mini et maxi, dénivelée cumulée à la montée

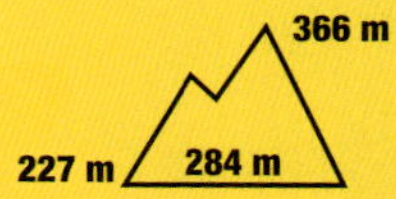

B BALISAGE
jaune

! DIFFICULTÉS !
- parties glissantes (boue) en période humide
- zone de chasse (se renseigner en mairie)

À DÉCOUVRIR...

> En chemin :
- Villarzel-du-Razès : château XVe, église XIIe

> Dans la région :
- Fanjeaux : bastide, église, point de vue du Seignadou
- Montréal : collégiale gothique
- Limoux : centre historique, carnaval, gastronomie, musée Petiet, musée des Automates
- Carcassonne : cité fortifiée et bastide

Rejoignez-nous et randonnez l'esprit libre
Pour mieux connaître la fédération, les adresses des associations de votre département, pour tout savoir sur l'actualité de la randonnée, pour adhérer ou découvrir la collection des topo-guides.
Tout sur
www.ffrandonnee.fr
FFRandonnée
Création : Sarbacane Design

✓ La création, l'entretien et le balisage des sentiers sont assurés par les collectivités locales (communes, intercommunalités) et les associations, avec le concours technique et financier du Conseil Général de l'Aude.

✓ Les tracés des itinéraires PR® ont été sélectionnés par le Comité départemental de la randonnée pédestre et les techniciens des Communautés de Communes du Pays de la Haute Vallée de l'Aude.

✓ Le texte de présentation « Découvrir la Haute Vallée de l'Aude » a été écrit par le Comité Départemental du Tourisme.

✓ Les descriptifs des itinéraires ont été rédigés par les techniciens des Communautés de Communes et Offices de Tourisme du Pays de la Haute Vallée de l'Aude et par le Comité départemental de la randonnée pédestre de l'Aude.

✓ Les textes thématiques de découverte du patrimoine ont été écrits par David Maso, l'Association des Sites du Pays Cathare, le Comité Départemental du Tourisme et les techniciens des Communautés de Communes et Offices de Tourisme du Pays de la Haute Vallée de l'Aude, et la LPO Aude (Ligue pour la protection des oiseaux).

✓ La coordination de cet ouvrage a été assurée par le Comité Départemental du Tourisme de l'Aude, en étroite collaboration avec le Syndicat mixte de la Vallée de l'Aude et des Pyrénées Audoises.

✓ Les photographies sont de Pierre Davy / Comité Départemental du Tourisme (P.D./CDT 11), Office de tourisme intercommunal du Quercorb (OTI Quercorb), G. Glardon (G.G.), Communauté de Communes du Pays de Sault (CCPS), C. Borg (C.B.), Jean-Claude Courtot (J.-C.C.), Communauté de Communes du Canton d'Axat (CCCA), Office de tourisme intercommunal Aude en Pyrénées (OTI AP), Musée Dinosauria, Communauté de Communes Razès-Malepère (CCRM), Association des sites du Pays Cathare (ASPC), Dominique Schoeller / Communauté de Communes Limouxin Saint-Hilairois (D.S./CCLSH), Cécile Braud / CCLSH (C.B./CCLSH), Mairie de Saint-Hilaire, Mairie de Brézilhac, Mairie de Cailhavel, Pascal Létang (P.L.)., J.-L. Socquet-Juglard (J.-L.S.-.J.), F. Alins (F.A.).

✓ Les illustrations sont de Nathalie Locoste (N.L.), Pascal Robin (P.R.), J.-J. Delpoux (J.-J.D.), Jean-Claude Courtot (J.-C.C.), Roger-Pierre Jouanno (R.-P.J.) et Jérôme Bazin (J.B.).

✓ Développement et suivi des collectivités territoriales : Patrice Souc, Emmanuelle Rondineau. Assistante : Sabine Guisguillert. Responsable de la production éditoriale : Isabelle Lethiec. Secrétariat d'édition : Nicolas Vincent, Philippe Lambert, Marie Fourmaux. Cartographie : Olivier Cariot, Frédéric Luc. Mise en pages et suivi de fabrication : Jérôme Bazin, Laetitia Monfort, Julie Bosser. Lecture et corrections : Élisabeth Gerson, André Gacougnoulle, Anne-Marie Minvielle, Hélène Pagot, Gérard Peter. Création maquette et design couverture : MediaSarbacane.

Ce TopoGuide® a été financé par le Comité Départemental du Tourisme de l'Aude et le Syndicat mixte de la Vallée de l'Aude et des Pyrénées Audoises, avec le concours de l'État et du Conseil Général de l'Aude.

INDEX

GÉOGRAPHIQUE

THÉMATIQUE

Les itinéraires de randonnée pédestre connus sous le nom de « GR® », jalonnés de marque blanc-rouge, sont une création de la FFRandonnée. Ils sont protégés au titre du code de la propriété intellectuelle. Les marques utilisées sont déposées à l'INPI. Nul ne peut en disposer sans autorisation expresse. Sentier de Grande Randonnée, Grande Randonnée de Pays, Promenade & Randonnée, Randocitadines, À pied en famille, Les Environs de... à pied, Sentiers forestiers, Sentiers des patrimoines, Week-ends Rando, sont des marques déposées, ainsi que les marques de couleur blanc-rouge et jaune-rouge.

2e édition : juin 2012
ISBN 978-2-7514-0606-5
© IGN 2012 (fonds de carte) – Dépôt légal : juin 2012
Achevé d'imprimer en France sur les presses de Chirat (Saint-Just-la-Pendue)
Selon les normes de la certification PEFC®
PEFC/10-31-1895